大油断

日本が陥る史上最悪のエネルギー危機

藤和彦

Fuji Kazuhiko

方丈社

はじめに

「国際社会はかつてない激動の時期を迎えている」

２０２２年２月にロシアがウクライナに侵攻して以来、このような主張を耳にすることが多くなりました。しかし、過去を振り返ってみれば、国際社会がきな臭くなるごとに同様の主張がなされていたことも事実です。

良いことより悪いことのほうに世間の耳目が集まりやすいのは世の常です。「国際社会の危機」説はこれまで「オオカミ少年」のように言われてきたことですが、私は「今回は本当にオオカミが来てしまうのではないか」と危惧しています。

１９９０年の冷戦終結以降、日本の同盟国である米国は「世界の警察官」として振る舞ってきました。唯一の超大国となった米国が自らの経済システムを世界中に広げたのは周知の事実です。

私の個人的な体験で恐縮ですが、政府関係の報告書で多用されてきた「インターナショナル」という形容詞が1996年を境に「グローバル」に置き換わったことを覚えています。グローバルの日本語訳はいまだに存在していませんが、「世界全体をまるごと米国化する」という含意があると思います。

軍事・安全保障を米国に委《ゆだ》ねた日本をはじめとする他の諸国は、米国が提示したルールの下で経済分野での競争に専心することになったからでしょうか、「国力」は国内総生産（GDP、米ドル換算）の大きさで比較されるようになりました。

冷戦時代の国力は、人口や面積など多面的な要素を加味して測られていましたが、冷戦終結後はドルを物差しとした「経済力のみが評価」の対象となったのです。

製造業に比べて金融・ITなどのサービス業はGDPの増加に貢献します。製造業を人件費の安い発展途上国にアウトソーシングした先進国では、GDPの成長が加速する代わりに生産基盤の空洞化が進みました。

このことが内包する問題が露呈したのがウクライナ戦争でした。

ロシアと戦火を交えているのはウクライナですが、米国をはじめ西側諸国がウクライナに対し、破格の軍事・経済支援を行っていることから、実質的には西側諸国とロシアの対立という図式となっています。

西側諸国を合計したGDPに比べロシアのGDPは取るに足らない規模に過ぎませんが、時間が経てば経つほど、ロシアの兵器生産能力が西側諸国全体の兵器生産能力を凌駕する事態が鮮明になっています。

冷戦終結後の約30年間続いたグローバル化のせいで西側諸国の有事の国力が著しく低下したことの証左だと言っても過言ではありません。

米国の国力は有事の際を含めて世界第1位であることに変わりはありませんが、かつての栄光は「今は昔」です。

思い起こせば、そもそも冷戦は、米国の圧力でソ連をはじめ東側陣営が崩れたのではありませんでした。

冷戦末期に主導的な役割を果たしていたのは当時の西ドイツとフランスであり、両国がソ連に提示したのは「ロシアとの協議を深めて東西の対立を緩和する（欧州共通の家）」構想でした（冷戦終了後、この構想が具体化することはありませんでしたが）。

これに対し、米国は冷戦終結について慎重な立場に終始し、「蚊帳の外」に置かれていました。

米国が「冷戦の勝利者」の地位を確立できたのは、意外にも1991年の湾岸戦争での勝利によってでした。湾岸戦争は米ソ対立を背景にしない初めての戦争であり、米国が国連決議を得た上でイラクとの戦いに完勝したことから、「国際社会の安全にとって米軍は不可欠だ」ということになりました、「冷戦終結はソ連が負けて米国が勝った」というストーリーに書き換えられていったのです（藤原帰一『「正しい戦争」は本当にあるのか』講談社＋α新書、2022年）。

近代以降、大戦争の後、国際関係を法や制度で律する構想が何度も誕生しました。17世紀の三十年戦争後のウエストファリア条約、19世紀のナポレオン戦争後のウィーン議定書、第一次世界大戦後の国際連盟、第二次世界大戦後の国際連合などです。「こんな戦争を繰り返したら共倒れになるからなんとかしなければならない」との危機意識が戦争を抑止する仕組みの整備をもたらす原動力でしたが、冷戦後の世界は「棚ぼた」で覇権国となった米国が自らの利害に基づき国際社会を差配してきたと言っても過言ではありません。

このように考えると、冷戦終結後30年以上続いた現在の国際体制はいびつなものであり、米国の国力が近年低下していることにかんがみれば、賞味期限を迎えつつあったのかもしれません。

ウクライナ戦争は「米ソ冷戦が終わり世界は平和になった」という世界観を吹き飛ばす出来事になりましたが、それ以前から冷戦後の体制が機能不全に陥っていたことを白日の下にさらしたに過ぎないとも言えます。

ウクライナ戦争の帰趨《きすう》は定かではありませんが、膠着《こうちゃく》状態のまま、停戦を迎えるような事態となれば、西側諸国のメンツは丸つぶれとなり、現在の国際秩序に大変革が生ずるのではないでしょうか。

私は「既に大変革の兆しが出ているのではないか」と考えています。

その典型的な事例は「グローバルサウス」の台頭です。

グローバルサウスとは発展途上国のことを指しますが、南半球に発展途上国が多いことからサウス（南）という形容詞が付けられました。

グローバルサウスはこれまで先進国が援助すべき「客体」として扱われてきましたが、

ウクライナ戦争を機に発言権を有する「主体」に様変わりしたという印象があります。

グローバル化の進展により、生産基盤が蓄積されたグローバルサウスの経済力が大きくなったことが背景にあります。

中国がグローバルサウスかどうかは意見が分かれるところですが、中国の生産基盤がダントツの世界第一位であることは言うまでもありません。

グローバルサウスの盟主を自認するインドは、「第2の中国」として今後の世界経済を牽引する役割を期待されています。

グローバルサウスの世界経済に占めるウエイトが大きくなったことで、西側諸国も彼らの意見を聞かざるを得ない状況になっているのです。

グローバルサウスの国々は、積年の恨みを晴らすかのように西側諸国のダブルスタンダードに対する不満の声を高めています。

ウクライナ難民を特別待遇する西側諸国の対応に対し、中東地域では「シリア難民との扱いが違いすぎる」との非難が一斉に上がりました。

その矢先の中東情勢の緊迫化です。

「ウクライナを侵攻したロシアを非難するのに、パレスチナへの猛攻撃を続けるイスラエルをなぜ非難しないのか」

米国はイスラエルとともに中東地域で孤立しつつあります。

グローバルサウスの国々では水面下でいまだに続いている西側諸国の「植民地支配」にノーを突きつける動きも出始めています。

冷戦後の世界は長らく、米国の「正義」が国際社会を牛耳ってきましたが、米国が唯一の執行権力（世界の警察官）である地位を放棄した今、国際社会にはもはや「正義」は存在しないのではないかとの不安が頭をよぎります。

しょせんは「強者の論理」「勝者の正義」に過ぎないのかもしれません。

国際社会は西側諸国と中国・ロシアの対立の構図で語られることが多くなりましたが、私は「群雄割拠の時代に逆戻りしつつあるのではないか」とみています。

米国という強力なリーダーがいなくなった国際社会は、アナーキーという本来の性格を露わにするでしょう。

「何が正しいのか」のではなく「国益に資するために何をすべきか」が重要になり、「誰が勝つのか」「誰の側につくべきなのか」という判断ばかりが重視されるようになりま

す。今後、国際社会は各国が激しく対立し合う「学級崩壊」の状態になってしまうのではないでしょうか。

バトル・ロワイヤル化した国際社会になれば、残念ながら軍事力がものを言います。日本にとって国際社会の学級崩壊はマイナス以外の何ものでもありません。

私は長年、原油に関する国際情勢を研究してきましたが、頭が痛いのは「日本の原油輸入の中東依存度が世界で最も高い」ことです。

「米軍が中東から日本までのシーレーンを守ってくれる」ということを信じて、この危険な状態を続けてきましたが、米国が将来、中東地域から足抜けする可能性が生じており、「今後も大丈夫だ」との保証はまったくありません。

温暖化防止の観点から、原油の需要は今後も減少するでしょうが、当分の間は日常生活に必要不可欠です。ガソリンなしでは自動車は動きませんし、灯油なしでは冬場の寒さをしのげません。プラスチック製品がなくなれば日常製品全般の大幅値上げは必至です。

2024年1月1日、「令和6年能登半島地震（石川県鳳珠郡穴水町の北東42キロメートルが震源、マグニチュード7・6）」が発生しました。

激しい揺れによって家屋が倒壊したため、今も多くの人々が避難所の生活を余儀なくされています。（2024年1月現在）

道路の寸断により、地震発生当初、ガソリンや灯油などの供給不足も発生しましたが、関係者の尽力のおかげで大きな混乱が生じることはありませんでした。

冬季の北陸地方において暖を取るために灯油は欠かせません。高齢化が進む中、災害関連死の増加が懸念されていますが、灯油がなくなる事態になれば、凍死者が大量に発生することになりかねません。

国内の供給網の乱れであれば問題は早期に解決できるでしょうが、中東地域からの原油の供給が途絶すれば、日本全体が大混乱となり、甚大な被害が生じてしまうのではないかとの不安が頭をよぎります。

故堺屋太一は1975年に小説『油断！』（日本経済新聞社）を出版、中東地域から原油供給が途絶したことで日本社会が大混乱に陥る様子を描きました。

日本は2度にわたって石油危機に遭遇していますが、幸いなことに供給途絶に直面したことはありません。しかし、中東地域で一朝事があれば、堺屋太一が『油断！』で描いたカタストロフィーが日本で今後起きる可能性は排除できなくなっています。

日本でも「経済安全保障」が重視されるようになってきましたが、戦略物資の代表とも言える原油の供給安全保障は揺らいでいるのです。

このような問題意識から、私は本書を上梓しました。読者に少しでも有益な視座が提供できれば望外の喜びです。

藤 和彦

2024年1月

大油断

日本が陥る史上最悪のエネルギー危機

目次

第1章　「学級崩壊」が進む国際社会

第2章 分断が進み、内向き化する米国

第3章 経済衰退で「地政学リスク」が高まる中国

第4章

世界の無極化が最悪の石油危機を招く

第5章 日本が生き残るためにすべきこと

装丁　倉田明典
本文デザイン　印牧真和
DTP　山口良二

第1章

「学級崩壊」が進む国際社会

「経済制裁」という悪手

「慢心が没落につながる」ことは過去の歴史が教えているところですが、私は「ウクライナに侵攻したロシアに対する米国をはじめとする西側諸国の対応は新たな事例になったのではないか」と考えています。

憎きロシアに対し、西側諸国は前代未聞の経済制裁で対抗しました。

グローバル化が進んだ世界は、モノ、カネ、情報などのネットワークが網の目のようにつながっていますが、「結び目」はけっして均一ではありません。相互依存が強まれば強まるほど中心的な「ハブ」となった国が「ネットワークから排除する」と脅かすことで他国を従属させることが可能になっています。

米国をはじめとする西側諸国の世界経済に占めるシェアは小さくなったものの、金融などの分野では圧倒的な力を誇っています。

敵対する国家の金融面のアクセスを封じこめれば、甚大な打撃を与えることができることから、西側諸国はこれをテコにロシア経済に攻撃を仕掛けました。

史上最強レベルの経済制裁を科した西側諸国は「ロシア経済に深刻な打撃を与えて短期間で戦闘を終了させることができる」と高を括っていましたが、当初期待されたほどの効果は生じていません。

一定のダメージを与えたものの、戦争開始から2年（2024年1月現在）が過ぎても、ロシア経済が破綻する兆候は見えません。

冷戦終了以降、米国は「ならず者国家」と呼ぶ国々（イラン、イラク、リビア、北朝鮮など）に対し経済制裁を科してきましたが、経済制裁のみで政権転覆などの目的を達成できたことはありません。相手が大国であるロシアであればなおさらです。

西側諸国はロシアの実力を過小評価し、慢心があったことは否めません。逆にマイナス面のほうが大きくなっています。

西側諸国がロシアに厳しい経済制裁を科したことにより、本来ローカルな問題だったウクライナ戦争がグローバルな問題へと大事にしてしまったからです。

制裁で最も不利益を被っているのはロシアの国民ですが、西側諸国の制裁で世界有数の資源大国であるロシアからの供給が減少したことで、紛争とはまったく関係のない発展途上国の多くの人々も生活苦に追い込まれています。

西側諸国の制裁はあまりにも副作用が大きいために国際社会の賛同を得ることができなかったのです。

アジア地域でロシアに制裁を科しているのは日本や韓国、台湾、シンガポールなどにとどまっています。中南米では、メキシコ、ブラジル、アルゼンチンなど主立った国がロシアに制裁を科していません。アフリカでも大半の国が制裁に同調していません。

西側諸国はこのような事態になるとは想像もしなかったのではないでしょうか。

経済制裁がもたらす深刻な副作用

ここで経済制裁について考えてみたいと思います。

経済制裁とは、戦争を起こすなど国際ルールに反した国に対して経済的な打撃を与え、問題のある行動を止めさせようとすることです。

経済は昔から戦争の武器として利用されてきました。

経済制裁は爆弾などのような殺傷力はありませんが、やり方によっては敵に対して壊滅的なインパクトを与えることができます。グローバル化が大きく進展した現在、この手段は前代未聞の威力を持つようになっています。

経済制裁の代表的な例としては、対象の国との貿易を禁じる、銀行決済などを止めるなどの方法があります。

ロシアに対する経済制裁は、①エネルギーの輸入禁止、②ハイテク製品の輸出禁止、③資産凍結、④金融制裁、⑤新規投資の停止などです（2022年4月8日付日本経済新聞）が、国際的に認められた「経済制裁の一覧表」というものは存在しません。

経済制裁に関する国際的なルールがないことを奇貨として、西側諸国は費用対効果を顧みることなく、ひたすら「ロシア憎し」で次から次へと制裁を繰り出しています。

一方、伝統的な戦闘行為については国際的なルールがあります。国際人道法は、2つの原則を戦争当事国に義務づけています。

1つは軍事目標主義と呼ばれるもので、「武力の行使は『相手の軍事力を破壊する』という目的に限定される」と規定されています。

もう1つは害敵手段の制限というもので、使ってよい武器と使ってはいけない武器を区別しており、核兵器や化学兵器などは使用禁止です。

これに対し、経済制裁にはルールがないことから、乱用される可能性が高く、その結果、戦闘行為以上に被害をもたらしているケースも散見されます。

このため、**経済制裁は限られた国の手に委ねるべきではなく、通常の戦闘行為と同様、無関係な民間人に悪影響が及ばないようにするための国際的なルールづくりが必要**ですが、その取り組みがなされていないのが実情です。

ロシア・ウラジオストクで2022年9月に開催された東方経済フォーラムで演説したプーチン大統領は「西側諸国の制裁は新型コロナウイルスのパンデミックに取って代わる世界経済への主要な脅威になった」との認識を示しましたが、多くの国際社会の人々の声を代弁しているような気がしてなりません。

怒りの声を挙げる発展途上国

西側諸国は自らが科した制裁が成果を上げなかったことに大いに焦りました。

「民主主義の理念を掲げるだけでは国際社会を味方にするのは難しい」という「不都合な

真実」にようやく気づいた西側諸国は発展途上国に対し、制裁に参加するよう求めました。しかし、これが裏目に出てしまったと私は考えています。

西側諸国はこれまで発展途上国の声を聞くことはほとんどなかったのですが、ロシアへの制裁の実効力を高めるため彼らにすり寄り、その意見に耳を傾けるようになりました。

これに対し、発展途上国は思いの丈をぶちまけました。

このような「恨み」を背景に、国際社会で「グローバルサウス」が存在感を示すようになってきています。前述したように、グローバルサウスとは「途上国」のことを指し、アフリカ、ラテンアメリカ、アジアの新興国などがこれに当てはまります。日本でもグローバルサウスという用語が当たり前に使われるようになりました。

グローバルサウス諸国にとって最も不満だったのは西側諸国のウクライナに対する「えこひいき」でした。中でもこの傾向が強いのが中東地域の人々です。西側諸国のウクライナへの対応が中東地域に向けられた態度とあまりにも違っていたからです。

西側諸国は避難するウクライナ人に対して喜んで門戸を開放していますが、「かつてシリアからの難民が流入した際、どれだけ冷たい態度を取ったことか」とはらわたが煮えかえる思いです。「白人優先主義だ」との非難も聞こえてきます。

「外国への侵攻」という点では米国のイラク侵攻も同じですが、「国際社会は米国に制裁を科したのか。侵攻された側（イラク）を支援したのか」との怒りがこみあがります。アフリカやインドでも難民や人道危機に関する国際社会の対応が「人種差別的だ」との不満が高まっています。

国際人道支援団体「国際救済委員会」が２０２２年12月に作成した「警戒すべき危機リスト」によれば、１位はソマリア、２位はエチオピア、３位はアフガニスタンとなっており、ウクライナは10位に過ぎません。にもかかわらず、西側諸国はウクライナ以外の地域の人権状況に関心を示しません。

２０２３年３月、国際通貨基金（ＩＭＦ）がウクライナに対して４年間で総額１５６億ドルの金融支援を承認したことにもグローバルサウスの国々は強烈な不満を表しました。ＩＭＦはこれまで戦争状態にある国には人道上の金融支援しか行ってきませんでした。２０２０年に内戦が起きたエチオピアは、ＩＭＦから満足な支援を受けることができなかったのに、ウクライナは大規模支援を受けることができたのです。ＩＭＦが戦争状態にあるウクライナを支援できるよう、内部規定を変更したからです。

グローバルサウスの国々の間では「ウクライナ戦争は西側諸国に責任があるのに、被る悪影響は自分たちのほうが大きい」との思いが強いのも事実です。

しかし、西側諸国がこのことにあまり気づいていません。このような態度では、グローバルサウスの広範な支持を得るのは困難でしょう。

西側諸国の制裁のせいでヒト・モノ・カネの従来の流れが既に大きく変わってきており、その中にあって、自らの国益を伸ばすしたたかな国も出てきています。

その典型はトルコやインドなどです。自国の国益を第一に考え、ある問題では西側諸国の立場に賛同し、別の問題では中国・ロシアと近い立場をとるという、「すれっからし」とも言える外交を展開しています。

しかし、グローバルサウスの内実は烏合《うごう》の衆に過ぎません。これらの国々に発展途上国全体を牽引する力はなく、国際社会の新たな秩序づくりに貢献できないばかりか、既存の国際秩序を破壊へと導く勢力になってしまう恐れもあります。

米国の政治学者であり、ユーラシアグループ代表のイアン・ブレマー氏はリーダー不在の国際社会のことを「Ｇゼロ」と称しましたが、その時代がついに到来したのではないかとの予感があります。

いずれにしても、**西側諸国の中で合意が形成できれば、その合意が国際社会の新たなルールになるという時代は終わりを遂げました。**

漫画チックに言えば、**国際社会は「学級崩壊」を迎えつつある**と言えます。米国という威厳ある教師と6人の優等生たち（G7諸国）のにらみが効かなくなる一方、彼らに反抗的な不良たち（ロシアや中国など）への支持が高まり、さらには単独行動を取る生徒も続出し、授業が成り立たなくなってしまったというイメージです。

「世界は新冷戦に向かう」との指摘がありますが、今後の世界の新たな秩序は、冷戦時代よりもはるかに複雑なものになってしまうのではないでしょうか。

軋む国際金融システム

西側諸国の制裁は国際社会の「Gゼロ化」を助長するとともに、冷戦終結後の国際経済システムの変容をもたらしつつあります。

西側諸国の制裁は、プーチン体制が変わらない限り解除されることはないとされており、危機を回避したロシアと西側諸国の間で長期にわたって対立が続く事態が現実味を帯びています。このような状態が長引けば長引くほど、西側諸国が主導してきた現在の国際経済体制は大きく毀損してしまいます。

最も大きな変化が生じる可能性が高いのが国際金融の分野です。

２０２２年３月、西側諸国の制裁の一環で、国際銀行間通信協会（ＳＷＩＦＴ）は国境を越えた金融業務に必要となる同協会の情報システムからロシアの銀行を排除しました。これによりロシアの銀行は国際的な送金を迅速に行うことが困難となり、ロシア経済は世界の金融市場から切り離されてしまいました。

さらに同月、米連邦準備制度理事会（ＦＲＢ）と欧州中央銀行（ＥＣＢ）はロシア中央銀行が保有していた約３０００億ドル分の外貨準備を凍結しました。ロシアの外貨準備高は約６４００億ドルでしたが、その半分が引き出せなくなってしまったのです。

ロシアはＳＷＩＦＴの制裁を覚悟していたのかもしれませんが、自国の中央銀行が保有する外貨準備が凍結されることまでは想定していなかったと思います。

外貨準備の凍結は「金融分野における大量破壊兵器」と呼ばれ、ロシア経済に大打撃を与えることは間違いありませんが、金融関係者から「現在の国際通貨システムの信頼を毀損する危険な措置だ」との懸念の声が上がりました。

これを理解するためには戦後の国際通貨システムの歴史を振り返る必要があります。

戦後の国際通貨システムは、第二次世界大戦後期の１９４４年に締結されたブレトン・ウッズ協定が始まりです。金1オンスの価格を35米ドルと定め、他国の通貨をドルに対して固定することで大戦後の国際通貨システムの安定を図りました。

１９６０年代に入り米国の貿易赤字が深刻化し、ドルの価値下落に歯止めがかからなくなったことから、１９７１年にドルと金の交換が停止され（ニクソン・ショック）、ブレトン体制は幕を閉じました。

国際通貨システムの動揺は深刻なインフレを引き起こしました。インフレを抑制するために世界各国の政策金利が引き上げられたため、世界経済は１９８０年代にかけてスタグフレーション（不景気の物価高）に陥ったのです。

その後、冷戦の勝利者となった米国が圧倒的な国力を背景に世界のエネルギーや食料などの安定供給を保障したことから、ドルへの信認が再び高まりました。ドルは決済通貨の地位を不動のものにし、価値の保蔵手段として国際的に認められるようになったことから、米国と敵対する国々でもドルが浸透しました。

２０１４年にロシアがウクライナ領のクリミア半島を併合した際、オバマ大統領（当時）は外貨準備の凍結をロシアへの制裁として活用することを検討しましたが、「国際通貨システムに与える悪影響があまりに大きい」との理由で実施しなかったようです。

ロシア中央銀行が保有するドルを凍結すれば「ドルはいざという時に使えなくなる」との懸念が国際社会に広まり、基軸通貨の核心的な要件である価値保蔵の手段としての信用が失われてしまうことを恐れたからだと言われています。

バイデン大統領はオバマ政権で副大統領を務めていました。当時のやりとりを承知の上で外貨準備の凍結という「禁じ手」を打ってしまったのです。

ロシアが有利な形で停戦するような事態になれば、米国の制裁が仇《あだ》となり、ドル経済圏が縮小するという皮肉な結果になってしまうのかもしれません。

ロシアの外貨準備の凍結が、ニクソン・ショックに匹敵するバイデン・ショックを引き起こしてしまう可能性は排除できないと思います。

多様化が始まる決済通貨

ＩＭＦは２０２２年３月「米国によるロシアの外貨準備の凍結措置は世界の金融システムにおけるドルの影響力を弱め、現在の国際通貨体制に綻びを生じさせる可能性がある。今後、二国間貿易に立脚した決済システムの動きが活発になり、国家間の貿易をベースとする通貨ブロックが出現する可能性がある」との見解を示しました。

ＩＭＦが指摘したように、決済通貨の多様化の動きが生じています。

決済通貨とは貿易などの国際的な取引に使う通貨のことです。例えば、日本から米国に輸出する場合、代金を円で受け取るのか、ドルで受け取るのかという決済通貨の決定が必要となります。決済通貨が円なら代金をすぐに使うことができますが、ドルの場合には両替の手間がかかる上に、為替リスクも発生します。

決済通貨に選ばれるには、発行している国の信用力や経済力が決め手となるため、発展途上国の通貨が決済通貨になることはまれでした。

しかし、ウクライナ危機以降、決済通貨の多様化の動きが起きています。最も顕著な動きを見せているのはロシアと中国です。

西側諸国がロシアの銀行に制裁を科したことで、中ロ間の貿易で人民元決済シフトが進んでいます。

ＳＷＩＦＴから排除されたロシアの銀行は中国政府が２０１５年から稼働させている人民元の国際銀行間決済システム（ＣＩＰＳ）に接続しています。

人民元は西側諸国のロシアへの制裁を追い風にして存在感を高めている感が強いのですが、過大評価は禁物です。

資本取引が政府に規制されている人民元はハードカレンシー（国際市場で他国通貨と自由に交換が可能な通貨）の要件を満たしていないからです。

今後もシェアを徐々に拡大するでしょうが、「短期間のうちにドルやユーロを脅かす存在になる可能性は低い」というのが専門家の評価です。

中国との間で人民元決済を進めているロシアは、自国通貨ルーブルを決済通貨にする取り組みも始めています。アルメニア、ベラルーシ、カザフスタン、キルギスで構成するユーラシア経済連合（ＥＡＵ）では銀行間でルーブルが使えるようにしています。

ロシアはイランとの間でも二国間の通貨を用いた決済システムの構築に努めています。

経済成長が著しいインドも自国通貨ルピーを決済通貨にしようと虎視眈々です。

中国とロシアが主導する国際機構「上海協力機構（ＳＣＯ）」は２０２２年９月、加盟国間の貿易で自国通貨の使用を増加させる措置を取ることで合意しています。

このように、新たな決済通貨の構築を巡る動きがにわかに活発化していますが、これらのシステムはＳＷＩＦＴと比べると「処理速度が遅い」「コストが高い」「エラーが起きやすい」などのデメリットが指摘されており、その導入・拡大はけっして容易ではありません。


しかし、歴史を振り返れば、国際通貨の興亡は戦争や危機など大事件をきっかけに不連続に生じてきました。

私はアフリカの動向に注目しています。

「２０５０年に人口が25億人に急増する」と予測されるアフリカは市場として極めて有望です。「最後のフロンティア」と呼ばれるアフリカでは、貿易額で首位を独走する中国と武器や食糧などを供給するロシアの存在感は日に日に大きくなっています。

かつてアフリカを植民地にしていた西側諸国は今日まで経済的な支配を続けてきました

が、今回のウクライナ危機でアフリカのほとんどの国が制裁に従っていません。

　アフリカの決済通貨はこれまでドルやユーロが独占してきましたが、**中国やロシアなどが代替となる国際決済システムを構築し始めたことで、今後「通貨を巡る構図」が大きく変わる可能性が出てきている**のです。

　決済通貨が多様化したとしても、ドル覇権が短期間に終わりを告げることはないでしょうが、「10～20年というタイムスパンでどのように変容していくのか」を注意深く見守っていく必要があると思います。

エネルギー市場の分断

　金融とともに大きなストレスがかかっているのはエネルギーの分野です。**再生可能エネルギーの導入が進んだとは言え、世界のエネルギー消費のうち８割以上を占めるのが化石燃料です。**

　資源エネルギー庁『エネルギー白書２０２２』によれば、世界のエネルギー市場における石油（原油プラス石油製品）のシェアは１９７３年の48・７％がピークでしたが、その後、低下したものの、2020年のシェアは31・2%と依然として高い水準にあります。エネルギーの中で最大の貿易財は石油であり、次いでLNGを含む液化天然ガス、そして石炭の順です。

国際エネルギー機関（IEA）によれば、ロシアは天然ガス輸出の世界シェアの約13%（2019年）、原油の約13%（2020年）、石炭の約16%（2020年）を占めています。このロシアを排除しようとしたことで、2022年夏に同時多発的なエネルギー価格の高騰が起きましたが、その後沈静化し、幸いなことに、世界の原油価格はロシアのウクライナ侵攻以前の水準に戻っています。

しかし、**原油価格は戻ったものの世界の原油市場は分断されてしまいました。欧米から締め出されたロシア産原油はインドや中国などアジアに向かい、アジアでシェアを失った中東産原油は欧州に流れるようになっています。**

天然ガス市場でもブロック化が進んでいます。ロシア産天然ガスの最大需要国だったドイツは「2024年夏までにロシアからの天然ガスの輸入割合を1割に下げる」としています。

ドイツ政府はパイプライン輸送ではなく、ＬＮＧでの輸入を拡大する計画を立てています。国内でＬＮＧ輸入ターミナルの建設を進めるとともに、ＬＮＧの主要輸出国であるカタールとの間で長期調達契約を締結しており、２０２６年には天然ガスの年間消費量の１割に相当する80億立方メートルをＬＮＧでまかなうとしています。

ＥＵも「天然ガスのロシア依存度（４割）を２０２２年中に3分の1までに減らし、２０２７年にロシア依存から脱却する」との目標を掲げています。

天然ガスの新たな調達先を探す欧州に救いの手を差し伸べているのは米国です。シェールガスの生産が順調な米国では、欧州向けのＬＮＧ輸出基地を建設する動きを活発化させています。

西側諸国の「ブロック化」の動きに対し、ロシアは中国への関与を強めています。現在、ロシアと中国をつなぐ天然ガスパイプラインは２０１９年に稼働した「シベリアの力（年間輸送能力は６１０億立方メートル）」のみですが、ロシア国営ガス企業「ガスプロム」は２０２２年3月「モンゴルを経由する新パイプライン「シベリアの力2」の建設の具体化に着手した」ことを明らかにしました。

完成すれば、ロシアから中国への年間輸送能力は1110億立方メートルとなり、ロシアから欧州への年間輸出量（1550億立方メートル）の3分の2以上になる計算です。

しかし、ロシアの欧州向けと中国向けの天然ガスの生産地が異なるため、その間をつなぐパイプライン整備のために巨額の投資が必要となります。

ロシアは欧州以外の地域へのLNG輸出にも力を入れ始めています。

これまで世界のグローバル化を牽引してきた金融とエネルギーですが、その分断は世界経済にどのような影響をもたらすのでしょうか。

グローバル化の終焉

「ロシアのウクライナ侵攻は成長鈍化とインフレ高進という形で世界経済全体に悪影響を与える。長期的には世界経済の秩序を根本的に変える可能性がある」

2022年3月、IMFはこのような見解を示しました。

冷戦終結以降、世界経済のグローバル化は大きく進展しました。

大量の安い労働力を有する中国と大量の天然資源を持つロシアが世界経済に入ってきた

ことで経済のグローバル化は急速に進みました。

情報通信技術を活用したコンテナ物流システムの発達で企業のサプライチェーンは国境の壁を越えて拡大し、コスト面で最も適した国で生産された部品が国際的な物流ネットワークを通じて取引されて最終製品が組み立てられるという「世界最適調達システム」が定着しました。

世界規模のサプライチェーンは、災害などの影響で一時的には混乱したものの、バックアップ体制を整えることでその機能を維持できると考えられてきました。

しかし、ロシアのウクライナ侵攻を機に「コストを軸にした世界最適調達システムの時代は終わりつつある」との懸念が高まり、サプライチェーンが分断される世界を前提とした再調整が不可避になりつつあります。

「軍事力による国境の変更を行わない」「人権を尊重する」などのルールに基づく自由で平和な社会を志向してきた西側諸国が一斉に非難しているのにもかかわらず、ロシアはまったく耳を貸そうとはしていません。

残念ながら、**グローバル化を後押ししてきた「経済学」的な発想よりも、世界経済が異なるブロックに分裂することを前提にした「地政学」的な考えが幅を利かすようになって**

きています。

世界は今後、日本、米国、EUなど民主主義に基づき政府の市場への介入を抑制する「自由市場資本主義ブロック」とロシアや中国など専制的で政府による強い市場統制を行う「国家資本主義ブロック」とに分断され、両ブロックが互いに優位を競う時代になってしまうのではないでしょうか。

その動きにいち早く着手しているのが米国です。

米国が主導する新経済圏構想「インド太平洋経済枠組み（IPEF）」に参加する14か国は2022年12月、具体的な協力内容を詰める正式交渉を開始しました。

IPEFの主なメンバーは日本、米国、韓国、インド、オーストラリア、インドネシアなどです。参加する国々の国内総生産（GDP）の合計は世界の約4割を占めます。

交渉分野は、①デジタル経済を含む貿易、②半導体供給などのサプライチェーンの強化、③質の高いインフラやグリーン投資、④公正な経済を促進するための税制・汚職対策、以上の4つです。

このことからわかるのは、IPEFはこれまでの経済連携協定とは異なり、経済のレベルにとどまらない自由主義と民主主義の価値観を共有する国々の経済安全保障の枠組みだということです。具体的な運用を誤ると、生産性の向上どころか、規制の強化によるコストの上昇につながる危険性もあります。

中国のアジア支配に歯止めをかけたい米国には「IPEFをインド太平洋版EUのような価値観を制度で担保する政治同盟に発展させていきたい」との思惑があるようです。

これに刺激されてロシアや中国などが国家資本主義ブロックの形成を急ぐような事態になれば、世界経済の分断は決定的になってしまうでしょう。

グローバル化がもたらした西側諸国の地盤沈下

グローバル化の不調は何をもたらすでしょうか。

IMFのゲオルギエバ専務理事は2022年5月「世界経済は現在、第二次世界大戦後で最悪の状況にある。何十年にもわたって築いてきた経済統合が解消されれば、世界は貧しくなる上に危険性も高まる」と警鐘を鳴らしました。

ブルームバーグ・エコノミクスも同月「世界貿易の規模は中国が世界貿易機関（WT

O）に加盟以前の1990年代の水準に戻り、商品価格の上昇でインフレの高進が進む」との分析結果を公表しました。

国際貿易機関も2022年8月「国際社会がブロックに割れ、サプライチェーンが機能しなくなると世界のGDPの5％が失われる」との見解を示しました。

グローバル化の弊害がたびたび指摘されてきましたが、世界経済のブロック化も大きな弊害を伴うのです。

30年間続いてきたグローバル化の結果、西側諸国の「空洞化」が急速に進みました。

冷戦下では「自国生産を優先する」という政策上の要請がありましたが、それが不要になったことで、西側諸国は安い賃金、原料、エネルギー資源を求めて発展途上国に工場を建て、そこからより安い製品を輸入することでコストを大幅に下げることができました。

西側諸国がモノをつくることをやめても、世界経済がドルを中心に動いている限り問題は生じませんでした。自国でドルを発行できる米国はもちろん、他の先進国も経常収支が黒字であれば、手持ちのドルで海外から必要なモノを購入することができたからです。

ドルを持っていれば世界中からモノを購入できる時代になったことで、ドル換算のGD

Ｐが国力を表すようになりました。

西側諸国はドルを世界中で流通させるためにＩＭＦや世界銀行などの場で主導権を握り、発展途上国が国際経済の秩序を乱すことがないよう、米軍が中心となって世界全体を監視し、サプライチェーンの維持に努めてきました。

経済制裁も秩序維持のための必須の手段となり、西側諸国は軍事的な示威行為と併せて冷戦後の国際経済を支配してきました。

しかし、グローバル化によってほとんどの商品を発展途上国が生産することになった影響がここに来て顕在化してきています。

グローバル化で西側諸国の生産力は大きく低下しました。

ドルで評価されるＧＤＰは西側諸国のほうが依然として大きいのですが、発展途上国がつくる部品がないとほとんどのモノがつくれなくなっているのです。

西側諸国の制裁をものともせず、発展途上国の間で国益に従い連携する動きが活発化しつつあるのは、彼らが自らの実力に気づいたからではないかと思えてなりません。

西側諸国が支配できない経済圏が生まれる可能性が高まっています。その代表格がＢＲＩＣＳです。

BRICSは対抗軸になるのか

ロシアのウクライナ侵攻以降、BRICSへの関心が高まっています。

BRICSという名称はブラジル、ロシア、インド、南アフリカの国名の頭文字を取ったものです。米金融大手ゴールドマン・サックスのジム・オニール氏が2001年、経済成長が著しい4か国（ブラジル、ロシア、インド、中国）を「BRICs」と命名すると、この名称は瞬く間に世界中に広まりました。

世界的な関心の高まりを受けて、4か国は2009年に首脳会合を始め、2010年に南アフリカが加わり、メンバーは5か国となりました。

BRICSは広い国土と多くの人口、豊かな天然資源を擁していることが強みです。BRICSはその後も経済成長を続け、2021年のGDPは世界の26%を占めるに至っています。同じく人口では世界の42%以上（30億人超）です。

グローバルサウスの「勝ち組」グループとして注目を集めているBRICSは2023

年８月、南アフリカのヨハネスブルクで15回目の首脳会談を開催しました。

ＢＲＩＣＳは、今回の首脳会談で新たに６か国（イラン、サウジアラビア、エジプト、アルゼンチン、アラブ首長国連邦（ＵＡＥ）、エチオピア）の２０２４年１月からの加盟を決定しました。23の国と地域が正式に加盟申請をしている中、アフリカ地域から２か国、中南米地域から１か国、中東地域から３か国が選ばれました（加盟国が増加しても、ＢＲＩＣＳの名称はそのまま維持される見通しです）。

拡大するＢＲＩＣＳのＧＤＰシェアは37％に達すると推計されており、「ＢＲＩＣＳは欧米主導の国際秩序に対抗する組織になる」との見方が出ています。

しかし、新規加盟を巡って早くも暗雲が立ちこめています。

アルゼンチンでは２０２３年12月10日に新政権が発足しました。大統領に就任したミレイ氏は、「共産主義者たちとは付き合わない」との選挙公約に従い「ＢＲＩＣＳには加盟しない」と宣言しました。ブラジルのルラ大統領の強い後押しが水泡に帰してしまった形です。

中東地域から３つの大産油国が選ばれたことも気になります。

ロシアに加え、サウジアラビア、UAE、イランがBRICSに加わったことで、世界の原油生産に占めるBRICSのシェアは13%から43%に急上昇しました。

米国と激しく対立しているイランが選ばれたことはもちろん、米国の同盟国であるサウジアラビアとUAEのBRICS加盟も悩ましい問題です。

サウジアラビアは米国との関係がぎくしゃくする一方、OPECプラス（OPECとその他の大産油国で構成）の枠組みを通してロシアとの関係を維持しています。2022年末の習近平国家主席のサウジアラビア訪問を契機に中国との関係も強化しつつあります。UAEも「米国が中東地域の安全保障へのコミットメントを弱めている」との懸念から独自の外交を展開しつつあります。

一方、米国が今後、中国主導の色彩が強いBRICSの中東地域の影響力拡大を妨害する動きに出てくる可能性があります。

加盟国拡大で存在感が高まるBRICSですが、「共通する理念が存在しないBRICSの国々を結びつけている唯一の共通点は『恨み』だ」との指摘があります（2023年8月30日付日本経済新聞）。

ＢＲＩＣＳを突き動かしている原動力は、西側諸国の優位に対する怒り、過去の屈辱に対する鬱憤などだというわけです。

これが正しいとすれば、ＢＲＩＣＳはあまりにまとまりを欠いた国家連合だと言わざるを得ません。ＢＲＩＣＳは一枚岩の組織ではなく、各加盟国は自国の国益に従い是々非々で行動しているのが実情です。

国際社会に影響力を及ぼす政策を打ち出した実績がないＢＲＩＣＳに対し、前述のオニール氏は「政策がなければ（ＢＲＩＣＳの）拡大の意味はない」とひややかです。求心力に乏しいＢＲＩＣＳは国際社会をリードしていくだけの力がないばかりか、新たな火種になってしまうかもしれません。

中国が主導するＢＲＩＣＳ拡大の動きについて、国境紛争問題を抱えるインドが難色を示しているからです。

中国とインドはグローバルサウスの盟主の座を巡っても対立しており、両国の対立がさらに激化する可能性は高いと思います。

「第2の中国」になれないインド

ここで最近話題のインドについて見てみましょう。

世界一の人口大国となったインドへの期待が高まっています。

IMFは「2027年に日本を抜いて世界第3位の経済大国になる」と予測しました。人口が増加し続けるインドは、20年前の中国のように、世界経済を牽引する存在になっていくのでしょうか。

「インドが世界経済の新たな原動力になる」

インド準備銀行（中央銀行）のダス総裁は2023年11月、日本経済新聞のインタビューでこのように述べました。

インドのモディ首相は2022年8月「独立100周年を迎える2047年までに自国を先進国の仲間入りさせる」と宣言しています。

インド中央銀行の試算では年平均7・6％の経済成長が必要となりますが、ダス氏は高成長が続く理由として「経済のファンダメンタルズ（基礎的条件）が強く、他国と比べて若い人口が多い」ことを挙げています。

日本などの先進諸国と異なり、優秀な人材が医学部よりも工学部を志向する傾向にあることもインド経済の強みです。

14億人のインド人の中での選りすぐりの人材が、インド工科大学をはじめ理工系大学で勉学に励んでいる様子を見るにつけ、「今後のインドの産業競争力は飛躍的に向上する」と思えてしまいます。

インドの市場も魅力的です。新車販売台数が日本を抜いて世界第3位になったことを受け、世界の自動車企業はこぞってインドへの投資を活発化させています。

インドは人口が世界最多になるだけでなく、世界で最も若年人口の比率が高い国の1つです。国連によれば、人口の半分以上が30歳以下です。

しかし、この「若さ」を強みにするためには、若年労働者に十分な雇用を創出できることが前提条件です。十分なスキルを発揮できる雇用の場が提供できて初めて、若年労働力は成長の源泉になるからです。

中国は膨大な人口を先進国の製造業の労働資源として提供することで「世界の工場」と

なり、成功を収めてきました。

しかし、インドの製造業はお世辞にも競争力があるとは言えません。世界銀行によれば、製造業がGDPに占める割合は中国が約27%、ベトナムが約25%であるのに対し、インドは約14%に過ぎません。

気になるのは、2018年にインドの一人当たりGDPが隣国バングラデシュに追い抜かれたことです。

バングラデシュの成長は縫製産業の躍進によるところが大きいと言われています。

バングラデシュの縫製産業は過去20年間にわたり、欧米のバイヤーが要求する厳しいコスト・品質・納期などに対応できる能力を身につけ、中国に次ぐ世界第2位の縫製品輸出国になりました。

バングラデシュでは多数の女性労働者が縫製産業に従事しており、その人的資本の水準はインドを上回るようになっています。

中国をはじめとするアジアの国々は労働集約型の製造業の輸出のおかげで多くの雇用を創出できましたが、製造業に弱みを抱えるインドは慢性的な雇用不足に苦しめられています。

インドでは過去20年、毎年７００万～８００万人の求職者が市場に参入してきましたが、新規の雇用を満足につくることはできなかったのです。

このため、職にありつけない若者は農村にとどまるしかなく、インドでは全労働者の半数近くが農業分野に従事していると言われています。

若者は日々を生き抜くための低賃金の仕事に従事せざるを得ず、インドの人的資本の活用状況は低調のままです。「宝の持ち腐れ」と言っても過言ではありません。

モディ政権は「ＧＤＰに占める製造業の比率を25％に引き上げる」との政策目標を掲げていますが、「言うは易く行うは難し」です。

一部の製造業の活性化には成功しているようですが、インフラ投資の強化や労働市場改革など、解決しなければならない課題が山積しています。

若年人口が社会の過半を占めるインドでは暴力事件が多発しており、過去には政権を揺るがす事態に発展したこともありました。

豊富な若年人口は、インドにとって好機とともに脅威をもたらす「諸刃の剣」なのです。

西側諸国はインドの人権状況を問題視し始めています。

米国の人権団体フリーダムハウスは2020年の報告書で「ニューデリーと北京の価値観の違いが曖昧になりつつある」と記述し、インドが中国のような強権国家に近づく可能性に警鐘を鳴らしています。2021年には政治状況に関するインドの評価を「自由」から「部分的自由」に引き下げています。

インド政府が強権的な取り締まりに踏み切れば、人権状況を巡る西側諸国との軋轢《あつれき》はさらに激化することでしょう。

足元のインド経済は好調ですが、リスク要因も頭をもたげつつあります。

インドの2023年第3四半期の海外直接投資（FDI）流入額が前年比7・6%減の153億4400万ドル（約2兆2800億円）となりました。インドの「レッドテープ（非効率な行政運用）」が災いしています。

信用の伸びは各分野で加速しており、中央銀行は「経済全体がバブル化しつつある」との認識を深めつつあります。

前述のダス氏も銀行やノンバンクに対し「融資が持続可能かどうかを確認し、『あらゆる熱狂』を避けよ」と警告を発しています。

インドの深刻な公害問題

経済に暗い影が忍び寄る中、私が最も危惧しているのはインドの公害問題です。

インドの首都ニューデリーの大気の状況は年々悪化しており、中でも秋から冬にかけての期間が深刻です。

ヒンズー教徒が爆竹や花火で新年を祝う「デイワリ」から一夜明けた２０２３年11月13日、人口３２００万人を擁する首都圏の空はスモッグに包まれ、圏内の学校は軒並み閉鎖に追い込まれました。

スイスの空気清浄機メーカー「ＩＱエア」の調査によれば、その時点で世界で最も大気汚染がひどい都市圏はインドのデリー首都圏でした。

「野焼き」というこれまでの原因に加えて、石炭火力発電所からの煙や自動車の排ガスが重なっているのに、政府の対応はまったく追いついていないのが実情です。

水質汚染も目を覆うばかりの状況です。下水や産業排水を適正に浄化する施設が圧倒的に不足しているからです。

ニューデリー近郊の聖なるガンジス川の支流（ヤムナ川）は危険な白い泡に覆われています。白い泡の正体はアンモニアやリン酸塩など人体に有害な化学物質です。

インドの街中に積み上がっている廃棄物の問題も待ったなしです。

当局の推計によれば、インドでは毎日17万トンのゴミが排出されていますが、都市のゴミ収集サービスで処理されているのは3分の2に過ぎません。残りの3分の1は川や海、埋め立て地に捨てられ、病気などの原因になっています。

経済が急速に成長すれば、ゴミは指数関数的に増加することから、ゴミの排出量は2030年までに倍増する可能性が高いとされています。

モディ政権はゴミの収集率の向上に取り組んでいますが、小手先の対応に終始しており、事態の好転は望めない状態です。


1960～70年代の日本が経験したように、国民の健康を害する公害問題の解決なくして持続的な経済成長は達成できません。

インドはこれまで何度も「次の経済大国になる」と言われてきましたが、残念ながら、その期待が実現することはありませんでした。

１９５０年代から80年代にかけて、インドの経済成長率は途上国の中で低かったため、「ヒンズー成長率」と揶揄されましたが、この用語が再び囁かれるようになっています。公害問題という難問に官民挙げて取り組まない限り、「経済大国の夢」は再び未完に終わってしまうでしょう。

グローバルサウスの代表として存在感を増しつつあるインドですが、世界を牽引する新たな盟主としての成長モデルを見いだせていないのが実情ではないでしょうか。

「自業自得」の欧州のエネルギー危機

米国とともに国際社会を主導してきた欧州は深刻なエネルギー危機に陥っています。欧州はロシアからのエネルギー供給に大きく依存しているのにもかかわらず、ロシアの軍事侵攻に充てられる資金を削減するため、天然ガスをはじめとする化石燃料の輸入を停止する措置を講じたからです。

欧州は「ロシアが天然ガスを『武器』として使っている」と繰り返し非難していますが、最初にエネルギーを「武器」に使ったのは欧州です。

経済制裁は「相手国にしかるべき経済的打撃を与える一方、それを科す国にとっての負担が重すぎてはならない」というのが原則ですが、今回の欧州のケースは後者の条件を満たしていません。欧州は自ら招いたエネルギー危機で苦境に陥っているのです。

特に、価格の安いロシア産天然ガスは欧州諸国の経済成長を支えてきました。

欧州はロシア産天然ガスの代わりに米国などからLNGの輸入を増加させていますが、LNGの価格はロシアからパイプラインで輸入していた天然ガスに比べて桁外れに高いことが難点です。ウクライナ危機以前、LNG価格はロシア産天然ガスの4〜6倍でした。

そのせいで欧州の人々は深刻なインフレに苦しみ、経済は悪化の一途を辿っています。

歴史を紐解けば、欧州は1970年代の石油危機をロシア産天然ガスをパイプラインで調達することで乗り切りました。

自らのエネルギー安全保障が向上したのはもちろんのこと、当時のソ連との関係も大幅に改善するという副産物までもたらしたのです。

まさに「一石二鳥」でしたが、ウクライナ危機で事態は一変、「ロシアはけしからん」という感情論が席巻したことが災いして、欧州のエネルギー安全保障の基盤は根底から覆されることになったのです。

ロシアが欧州のエネルギー供給元になった経緯

ここで、ロシアが欧州地域にとって天然ガスのグッド・サプライヤーになった経緯を振り返ってみたいと思います。

1970年代の冷戦期に遡りますが、当時の西欧地域は緊張緩和（デタント）の兆候が出ていたものの、相変わらずソ連との緊張状態が続いていました。

このような状況下で西欧諸国では、1960年に結成された石油輸出国機構（OPEC）が世界の原油市場での存在感を強めていたため、「原油への依存度を軽減させる必要がある」との認識が高まりました。

エネルギー構造を変革する必要に迫られた西欧諸国は当初、北海での油田開発とガス田開発に力を入れていましたが、1960年代後半からソ連の西シベリア北部で次々と見つかっていた巨大ガス田群に大きな関心を抱くようになりました。

当時の西ドイツでは、1969年10月に発足したヴィリー・ブラント首相率いる社会民主党（SPD）政権が掲げた「東方外交」のもと、ソ連・東ドイツなどの共産圏との関係改善を始めましたが、起爆剤となったのがソ連からの天然ガスの輸入です。

西ドイツは同11月、ロシアとの間で「西ドイツが天然ガス開発に必要な資機材を輸出する見返りに、1200億立方メートルの天然ガスをソ連が西ドイツに供給する」とする協定に合意しました。

西ドイツは、対共産圏輸出規制委員会（NATO・COCOM）の構成国の中で初めてソ連から天然ガスを輸入する国となったのです。

西シベリアから約5000キロメートル離れた西ドイツに天然ガスを供給する世界最長のパイプラインの名称は「ドルジバ（『友好』を意味するロシア語）」でした。

ブラント首相の東方政策は西ドイツ国内では「パイプラインが東ドイツ経由で敷設されることから、東ドイツを消極的に承認することになる」と反対する声が上がりました。

米国も当初は反対の姿勢を示しましたが、ブラント氏は国内外の反対に対し、粘り強く説得を行ったことで難局を乗り切りました。

ソ連が当時、中国と対立関係にあったことも幸いしました。1969年3月にダマンスキー島の武力衝突によって激しさを増していた中国との対立が、西に位置する潜在的な強国（西ドイツ）に接近する誘因となったのです。

西ドイツに続いてイタリアも１９６８年12月にソ連との間で西ドイツと同様の協定を結び、フランスも後に続きました（１９７１年8月に協定を締結）。

ソ連も欧州向けの天然ガス輸出を拡大するため、西シベリアなどのガス開発や新規の幹線パイプラインの整備を精力的に進めました。

こうして、西欧の主要国がソ連の天然ガスの供給を受ける体制ができあがったのです。

その後、ソ連の天然ガス輸出の比重は東欧よりも西欧のほうが高くなり、獲得していたハードカレンシーの６割以上を西欧から得る状態となりました。

ソ連崩壊時も西欧向けの天然ガスの輸出が減少することはありませんでした。

政治的な混乱時においても、いや、混乱時であるからこそ、天然ガスの輸出によるハードカレンシーの獲得が重要だったのでしょう。


さらにパイプライン敷設は安全保障面でもプラスの効果がありました。

「資源国（ソ連）がパイプライン建設という先行投資を着実に回収するために天然ガスを安定的に供給する」という発想になるからです。平たく言えば、消費国（西欧）に対して敵対的な行動をとることができなくなるということです。

ロシアの専門家は、パイプライン網がソ連と西欧の間の安全保障を支える基盤となり、結果的に冷戦終結に貢献したことに注目し、「パイプラインには相互確証抑制効果がある」と指摘したほどです。

パイプラインの相互確証抑制効果とは「相互確証破壊」という核戦略にかかわる軍事用語をもじったネーミングです。

冷戦時代の核の相互確証破壊効果とは、米ソとも自らの安全を確保しつつ相手を完璧に抹殺することができなかったために、核兵器を使用することができず、結果的に大戦争が生じないという構造になっていました。

これに対し、パイプラインの相互確証抑制効果とは、パイプラインでつながれた関係国間では破滅的な紛争が自制的に回避されるというものです。

長距離パイプラインは、いったん敷設してしまえば、ほかに移動させることも、輸出先を変更させることも不可能です。

消費国と資源国との関係は互恵的・双務的な性格が強くなるため、パイプラインは地域の安全保障に寄与してきたのです。

ノルドストリームは米国政府が爆破した？

ドイツ経済の競争力の要とも言えるノルドストリームは2022年9月下旬、合計4本のパイプラインのうち3本が破壊され、使用不能になってしまいました。

犯行直後から西側諸国は「ロシアの犯行だ」と非難しましたが、ロシアはこれを否定しました。爆発に関する調査が進められていますが、ロシアの犯行を示す証拠はいまだに見つかっていません。

2023年に入ると、事態は大きく動きました。米ジャーナリストのシーモア・ハーシュ氏が2月28日の自身のブログに「米国政府が関与した」との見解を示したからです。

ベトナム戦争のソンミ村の虐殺報道でピューリッツアー賞を受けた実績を持つハーシュ氏は、計画に関わった匿名の関係者の話として、ノルドストリームの破壊工作は、バイデン大統領が国家安全保障チームと9か月以上にわたって秘密裡に協議した結果、決定されたものだとしています。

サリバン大統領補佐官（国家安全保障担当）が中心となって、米軍、CIA、国務省などの担当者が参画し、ノルウェー政府・軍も関与したというのです。

破壊工作の内容は以下の通りです。

バルト海で毎年行われている西側諸国の軍事演習「バルトップス（ＢＡＬＴＯＰＳ）」は２０２２年６月に実施されましたが、その際、米海軍のダイバーがＣ４爆弾と呼ばれる粘土形状のプラスチック爆弾をパイプラインに仕掛け、３か月後の９月26日、ノルウェー軍が空中から潜水艦探知のために使うソノブイを投下し、ソノブイが発する信号でＣ４爆弾を爆発させたそうです。

米国政府やノルウェー政府はハーシュ氏の報道を全否定していますが、分析の深さが際立っていることから、私は「信憑性が高い」と考えています。

私が注目したのは、この爆破計画がロシアのウクライナ侵攻の２か月前（２０２１年12月）から検討されていたことです。

この時点でノルドストリーム２は完成しており、稼働が開始すれば、ドイツのロシア産天然ガスの依存度はさらに高まる状況にありました。

ハーシュ氏によれば、これを懸念した米国のバイデン政権が、ドイツが苦境に陥ることを承知の上でロシアからの天然ガスの供給を途絶させることを画策したとのことです。

これが事実だとすれば、同盟国に対する明確な背信行為です。

「欧州の病人」に逆戻りするドイツ

欧州がロシアとの長年の関係を断ち切ってしまったことのツケはあまりにも大きいと言わざるを得ません。

その傾向が特に顕著なのはドイツです。ロシアのウクライナ侵攻前のドイツのエネルギー消費に占めるロシア産燃料のシェアが高かったからです。最も顕著だったのは天然ガスの55％で、原油は35％、石炭は50％でした。

ドイツには全長50万キロメートルを超えるパイプラインが張り巡らされ、住宅、工場、発電所などにロシアの安価な天然ガスが供給されていました。ドイツでは１９７０年代から天然ガスの大部分をロシアから輸入するようになりましたが、このことが問題になることはなく、むしろ、賢明な戦略だとさえ考えられてきました。

シュレーダー元首相とその後任のメルケル前首相も、ロシアからのエネルギー供給を万全にする対策に取り組んできました。その象徴と言えるのがロシアとドイツを直接つなぐ海底天然ガスパイプライン（ノルドストリーム）でした。

ノルドストリームは２０１１年から稼働を開始し、ロシアから欧州へのガス供給量の３分の１以上を占める地域最大のパイプラインとなりました。１１０億ドルの事業費を投じたノルドストリーム２も２０２１年９月に完成していました。

ノルドストリーム２について米国は「欧州のロシアへのエネルギー依存が高まる」として反対の立場を取ってきましたが、ドイツは「ノルドストリーム２はあくまで民間事業だ」として、安全保障の問題と切り離す姿勢を貫いてきました。

ドイツが「脱原発」に踏み切った背景には２０１１年の東京電力福島第一原子力発電所事故があります。ドイツ国内の反対運動に背中を押されたメルケル氏は２０１１年６月、当時稼働していた17基すべての原子力発電所を２０２２年末までに廃止することを決定しました。

ドイツが原子力に代わるエネルギー源としてあてにしていたのはロシア産天然ガスでした。ドイツはロシア産天然ガスを「脱炭素」社会への「架け橋」として重視していましたが、その橋は無残にも壊れてしまったのです。

ドイツはＥＵ全体の経常収支の黒字の過半を占めるなど群を抜くパフォーマンスを示してきたことから「欧州で一人勝ち」と長らく言われていましたが、再び「欧州の病人」になってしまうとの懸念が生まれています。

１９９０年に東ドイツ（当時）を統合したことが重荷となって、ドイツは２０００年代初頭まで経済が低迷しました。「欧州の病人」と揶揄されていたドイツでしたが、安価なロシア産天然ガスを確保することなどを通じて経済を再生させた経緯があります。

ドイツは新しい天然ガスの供給先を見つけることに躍起になっていますが、天然ガスを液体（ＬＮＧ）という形で輸送することになればコストは格段に高くなります。

取引信用保険会社アリアンツ・トレードは「ドイツの産業界が２０２３年に支払うエネルギーコストは２０２１年から約40％も高騰する」としています。

安価なロシア産天然ガスを活用して高成長を遂げてきたドイツ経済の競争力は大きく毀損してしまったのです。

私が危惧しているのはドイツで不動産バブルが崩壊しつつあることです。

独キール世界経済研究所によれば、ドイツ２０２３年の第３四半期の戸建て住宅価格は前年同期に比べて12％下落し、マンションなどの分譲物件も11％下落しました。

ベルリンやフランクフルトなど主要都市で軒並み市況が悪化しており、市場関係者は「底が見えない」と警戒感を強めています。

住宅価格が下落している主な要因は欧州中央銀行（ＥＣＢ）による大幅利上げです。ウクライナ危機に伴うインフレを抑えるため、２０２２年7月から10会合連続で利上げを行うなど過去最速のペースで引き締めを行い、政策金利は４・５％に達しています。

ＥＣＢによれば、ユーロ圏の銀行の総融資額に占める住宅ローンの割合は3割に上ります。金利の上昇は住宅ローンの返済負担を急増させており、「焦げ付きが増加すれば銀行不安につながる」との不安が頭をもたげています。

住宅用不動産以上に深刻なのは商業用不動産です。

ＥＣＢは２０２３年11月「ユーロ圏の商業用不動産市場は厳しい状況が今後数年続き、銀行や保険会社などがリスクにさらされる可能性がある」と警告を発していましたが、その懸念が既に顕在化しています。

30年前の日本のように、不動産バブルの崩壊は長期の不況をもたらす可能性が高いと言わざるを得ません。

「イージーマネー」時代の終焉

グローバル化の進展により、安い商品と低水準の労働コストが世界全体のインフレ抑制に寄与しましたが、今ではこれが反転しつつあります。

ウクライナ危機以降、グローバル企業は混乱したサプライチェーンの立て直しに追われ、労働需給の逼迫は賃上げを求める労働者側の力を強めています。**世界経済がインフレに転じている要因は、グローバル化の反転だけではなく、世界の生産年齢人口（15〜64歳）の推移も関係している**と私は考えています。

冷戦終了直後の中国には「無限の労働力がある」とまで言われ、「安価に製品を量産できる」と考えたグローバル企業が大挙して進出したことから、中国はあっという間に「世界の工場」となりました。

しかし、安価な労働力が永遠に続くわけがありません。2010年代後半に入ると中国でも労働力不足が表面化しました。ダメ押しとなったのが少子化です。中国の出生数は近年大幅に減少しています。

私が注目しているのは生産年齢人口が世界規模で減少し始めていることです。国別に見ると、日本は1996年、欧州は2011年、中国は2016年から前年比マイナスとなりました。米国はプラスですが、増加数は大幅に鈍化しています。主要20か国・地域（G20）全体で見ても、生産年齢人口は2021年に減少に転じた可能性があります。

世界は様変わりしており、以前のような物価の安定が戻る可能性は小さいと言わざるを得ません。

市場関係者の間からは「安い労働力、低利の資金の時代は終わった」「過去20年の『グレート・モデレーション』は完全に過ぎ去った」との声が聞こえてきます。

ウクライナ危機を契機に、低金利で資金調達が可能だった環境は過去のものとなり、いわゆる「イージーマネー（金利ゼロ）」の時代は幕を閉じつつあります。

高金利時代の環境は多くの投資家にとって未経験の事態であり、不確実性がかつてなく高まっています。

気がかりなのは、**世界経済を長期にわたりコントロールしてきたとされる中央銀行の神**

通力に陰りが出ていることです。

中央銀行は需要超過の状態がもたらすインフレであれば政策金利を引き上げることでコントロールできますが、供給不足がもたらすインフレにはなすすべがありません。

金融引き締めがもたらす需要抑制の効果でインフレ圧力を徐々に減らしていけるかもしれませんが、抜本的な解決のためには供給量を増やすことが不可欠です。

中央銀行が万能だからと言っても、利上げをして供給量を増加させることはできません。供給制約に由来するインフレは金融政策では有効に対応できないのです。

さらに問題なのは、高インフレに焦った中央銀行が適正な水準よりも高く政策金利を引き上げるリスクです。**「なんとしてでもインフレを抑える」と中央銀行が躍起になればなるほど、景気や雇用を急激に冷やす「オーバーキル」が生じる危険性が高まっています。**

「スタグフレーション」という言葉もよく聞くようになりました。

スタグフレーションは「スタグネーション（停滞）」と「インフレーション（物価上昇）」を掛け合わせた造語で、景気後退の中で物価が上昇する状態を意味します。

１９６０年代の英国で生まれたスタグフレーションという経済用語が広く認識されるよ

うになったのは、石油危機により世界が急激なインフレと景気後退に悩んだ１９７０年代でした。

スタグフレーションがいったん生ずるとこれから抜け出すことは困難です。通常の不況であれば金利を下げることで景気を刺激できますが、スタグフレーション下で金利を引き下げるとかえってインフレを悪化させてしまうからです。

今後、世界経済がスタグフレーションの状態に陥れば、１９７０年の時よりもはるかに深刻な状況になってしまいかねません。

世界経済はグレートデプレッションに陥ってしまうのか

米国では２０２３年前半、地方銀行の経営破綻が相次ぎ、一時、金融不安になりました。

２０２３年3月から5月にかけて、シリコンバレー銀行をはじめ、３つの銀行が立て続けに破綻したことへの警戒感が強まり、日本でも「再び金融危機が起きるのではないか」との懸念が生じました。

２０２３年5月時点で既に「リーマン超え」の数字が散見されるようになっています。連邦保険公社（ＦＤＩＣ）によれば、リーマンショック時は25行が破綻し、債務の合計は３７３６億ドルでしたが、２０２３年に破綻した3行の債務の合計は５４８５億ドルに達しています。

米国の金融システムの専門家は「４８００に上る米国銀行の半数が破綻する可能性がある」と警告を発しています（２０２３年5月7日付 ZeroHedge）。

イージーマネーの時代が終わり、金融市場でリスクが高まる中、米国の長期国債の下落が米国の銀行経営を圧迫しているからです。

全米経済研究所によれば、２０２２年第1四半期から２０２３年第1四半期にかけて、金利上昇の影響で米国の銀行全体が被った債券投資の（評価）損失は2兆２０００億ドル（約３３０兆円）に上ったようです。

米国では過去、大量の銀行が破綻しました。

１９２９年9月の米株式市場の暴落で引き起こされた世界恐慌の最中、米国では１９３３年、多数の銀行が破綻に追い込まれました。

この事態を重く見たルーズベルト大統領（当時）は就任直後の１９３３年3月、４日間の全国銀行休業日（バンク・ホリデー）を宣言し、すべての銀行を閉鎖させて、取り付け騒ぎを沈静化させました。

今回の金融不安は米国の地方銀行から始まりましたが、ノンバンクの脆弱性への警戒感も強まっています。ノンバンクも地方銀行と同様、不動産市場への主要な資金の出し手だったからです。

欧州の金融システムが抱える独自の問題もあります。

欧州中央銀行（ＥＣＢ）が連邦準備制度理事会（ＦＲＢ）のように破綻銀行を迅速に救済する機能を保持していないからです。

地方銀行やノンバンクが変調をきたしたとしても、リーマンショックのような金融危機は起きないかもしれませんが、「インフレが気になる中央銀行が思い切った手段を講ずることができないのではないか」との不安もあります。

リーマンショックが起きた際には「１００年ぶりの大恐慌になる」と世界は悲観的になりましたが、成長著しい中国経済に助けられて破局を迎えることはありませんでした。

しかし、その**中国では建国以来最大の経済危機が起きつつあります。インドも「第２の**

中国」になれる可能性は低いと思います。

今後、米国・欧州・中国などの経済が苦境に陥った場合、世界経済を救ってくれる国は存在しないのです。

世界経済全体が今後、深刻な不況に陥り、１９３０年代の世界恐慌（グレートデプレッション）のような状態になるとの悲観的なシナリオが現実味を帯びつつあります。

未曾有の経済不況は深刻な政情不安に直結する

思い起こせば、１９３０年代の経済危機は世界各国で政情不安を引き起こしました。世界はこの悲劇を繰り返すことになるのでしょうか。

スイスのシンクタンク、世界経済フォーラムは２０２３年1月に公表した『グローバルリスク報告書２０２３年版』の中で「今後2年間における最も深刻なリスクは物価高騰などによる生活費の危機だ」と指摘しました。

その傾向が最も顕著なのが欧州諸国です。

「泣き面に蜂」ではありませんが、ウクライナから欧州に大量の避難民が流入しており、欧州の政治家にとって移民問題は大きな悩みの種です。

ウクライナからドイツへの避難民は100万人を超えており、2015～16年のシリア難民の数を既に上回っています。

オランダでは2023年11月、「反イスラム」を掲げるウイルダーズ党首率いる極右の自由党が第1党に躍進しましたが、「欧州地域では極右への追い風はさらに強まっているのではないか」と私は考えています。

パレスチナ自治区ガザでの戦闘により、世界で発生する避難民の数が過去最大になることが見込まれているからです（2023年12月13日付ロイター）。

ドイツ公共放送連盟（ARD）が2023年11月に発表した世論調査によれば、極右政党「ドイツのための選択肢（AfD）」の支持率は21％と2位となりました。キリスト教民主・社会同盟（CDU・CSU）の支持率が30％で1位だったものの、政権を担う社会民主党（SRD）の支持率は15％、緑の党は15％、自由民主党（FDP）は5％と低調です。

ドイツで極右政党が第1党となるのは時間の問題でしょうし、ドイツ以外の欧州諸国でも極右政党が勢いを増し、政治の右傾化が進んでいます。

世論調査によれば、２０２４年6月の欧州議会選でも極右政党の議席が大幅に増加する見通しです。

２０２４年は世界各国・地域で大型選挙が相次ぐ「選挙イヤー」です。これからの10年を決める1年になるとの見方が出ていますが、気になるのは、近年、欧州や南米などでも「それぞれの国のトランプ」と称される政治家が選挙を制していることです。「トランプ」とはもちろん、ドナルド・トランプ前米大統領のことです。

「トランプ」と呼ばれる政治家は例外なく右派に分類され、中には「極右」とされる政治家もいます。

このため、「民主主義が衰退の危機に直面している」との見方が出ていますが、危機に直面しているのは民主主義ではなく、これまで政治を主導してきたリベラリズムなのかもしれません。

リベラリズムを信奉する政治家（リベラル政治家）は、移民や難民の積極的な受け入れや、特定のアイデンティティーに基づく政治活動、経済のグローバル化の推進などを重視しますが、生活費の高騰で不満が高まる中間層のことにはあまり関心を持ちません。

リベラル政治家が「上から目線」で国民に接することが大きな問題点です。これに対し、各国の「トランプ」たちは中間層の怒りを代弁しました。多くの有権者がリベラル政治家に辟易としている状況をうまく利用したのです。

しかし、彼らの政治手腕には不確実さがつきまといます。

これまでのところ、政治は選挙の結果通りに行われていますが、社会的対立が先鋭化している状況下で、いつ想定外の事態が起きても不思議ではありません。

生活費の高騰で不満が高まる中間層の怒りに正しく対処しない限り、世界規模で政治の危機が発生してしまう可能性は否定できません。

本章では、ウクライナに侵攻した経済制裁が仇となって西側諸国の威信が低下し、Gゼロ化が進み、国際社会で学級崩壊が始まりつつあることを見てきました。

金融とエネルギー市場に分断が生じたことでグローバル化が反転し始め、世界経済は深刻な危機に直面する可能性が生じています。

世界各国で政情不安の高まりが懸念される中で、私は「米国が最も深刻な状況になってしまうのではないか」と危惧しています。

米国では、選挙の正当性への信認が大きく揺らいでいます。

このままだと、２０２４年の大統領選挙が僅差で決着した場合、共和党か民主党かに関係なく、負けた側による大規模な抗議活動の勃発は不可避でしょう。

次の章では、冷戦終結以降、「世界の警察官」として国際社会を主導してきた米国の深刻な状況について述べてみたいと思います。

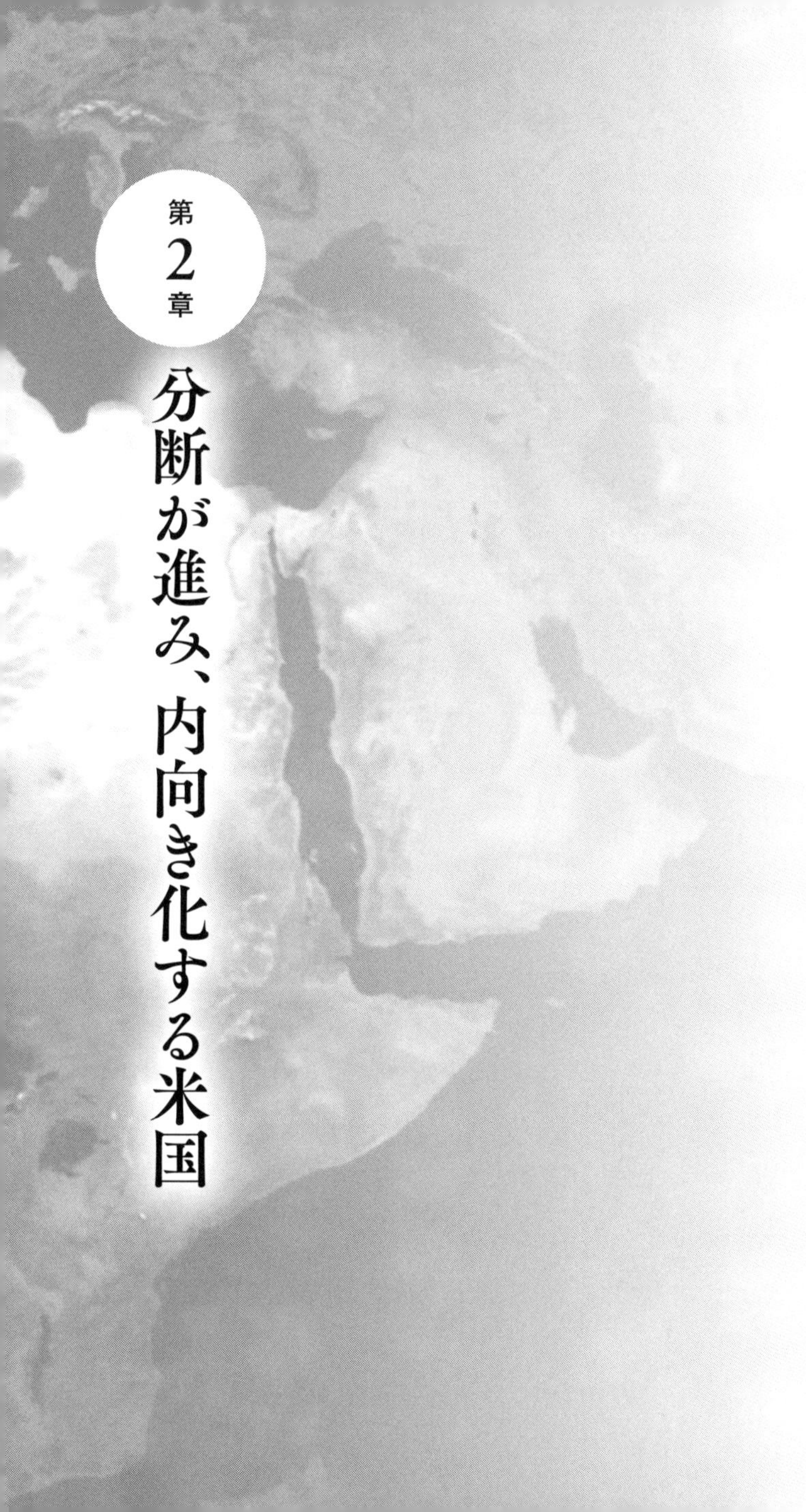

第2章
分断が進み、内向き化する米国

世界の安全保障にとって最大の脅威となった米国

米国の同盟国である日本では「冷戦終結以降の米国は『世界の警察官』の役割を果たしてきた」と認識されていますが、米国では最近「2001年以降、米軍の活動によって世界で非常に多くの犠牲者を生まれた」ことを示す研究結果が示されました。

米国は2001年9月11日の同時多発テロ事件後、「テロとの戦い」を掲げ、アフガニスタンやイラクに侵攻しましたが、米ブラウン大学のワトソン研究所は2023年5月「2001年以降の西アジアと北アフリカにおける米軍の軍事作戦により、約460万人に上る人々が死亡した」とする報告書を発表しました。

その報告書では、民間人約38万7000人を含む約90万6000人が軍事作戦により直接死亡したことに加えて、軍事作戦が招いた食料事情や衛生環境の悪化といった間接的な理由により最大で約370万人が死亡したとしています。

間接的な理由による死者数の正確な把握は困難でしょうが、これまでの想定よりも多くの犠牲者が出ていた可能性は高いと思います。

約４６０万人という数字を見ると、「米国が国際社会にとって最大の脅威になったのではないか」と思いたくなります。

圧倒的な軍事力を背景にした「独断専行」に加え、深刻な国内問題も抱えています。このことを指摘するのは、米国の外交問題評議会のトップを20年間務めてきたリチャード・ハース氏です。

ハース氏は退任直前（２０２３年6月末）のインタビューで「現在の世界の安全保障が直面している最も深刻な脅威は米国そのものだ」とする衝撃的な発言をしました。

外交問題評議会は第一次世界大戦後の１９２１年、英国の王立問題研究所（チャタム・ハウス）の姉妹機関として設立された民間組織です。主な目的は米国の外交政策に関する諸問題についての研究であり、外交問題を扱う国際的な雑誌「フォーリン・アフェアーズ」を刊行していることから日本でも有名です。

米ブッシュ（父）政権時代に大統領上級顧問（中東政策担当）を歴任するなど外交分野で豊富な経験を有するハース氏は、イラク戦争開戦直後の２００３年7月に会長に就任し、米国の外交政策を長年にわたってリードしてきました。

そのハース氏がなぜ、このような発言を行ったのでしょうか。

ハース氏が問題視しているのは米国政治の昨今の情勢です。

「政治が機能不全に陥っている米国は世界の模範ではなくなり、同盟国は米国の振る舞いを信頼しなくなった。それればかりか、世界に予測不可能性をもたらし、有害な存在になってしまった」というのがハース氏の見立てです。


米国政治への落胆は国際社会に広がっています。

2023年5月1日付CNNは「大統領が誰であれ米国は『当てにならない』 欧州で懐疑的な見方も」と題する論説を掲載しました。

バイデン氏も「米国第一」というトランプ氏の政策を引き継いでいることから、欧州は外交政策で独自路線を取り、米国への依存を減らそうとしていると指摘しています。

前述のブレマー氏は、バイデン政権が掲げる「民主主義を独裁主義から守る戦い」について「(ドイツの)ベルリンの壁が崩壊したとき、旧東側(諸国)は米国を『民主主義輸出国』の手本と見た。でも今日はそのような状況にはない。米国のような国になりたいと思っている人はどこにもいない」と否定的です(2023年5月21日付AERA)。

ハース氏が最も懸念しているのは、国を統合する役割を果たしてきた大統領自身が分断をもたらしていることです。

ハース氏は「自分はトランプ前大統領に協力していたが、間違いを犯した。大統領就任によりトランプ氏は穏健になると思っていたが、以前よりもさらに過激になった」と後悔の念を示しています。

バイデン政権についても「（トランプ前政権と同様）過去の政治的慣習を守っていない」と批判的です。

私は米国政治の専門家ではありませんが、冷戦終了後の世界の安全保障を担ってきた米国はその役割を放棄するのではないかとの思いを禁じることができません。

ハース氏の不吉な予言（米国が信頼の「大黒柱」から不安定を引き起こす最も深刻な「脅威」の根源に激変する）を私たちは真剣に受け止めるべきではないでしょうか。

愛国心が低下する米国

「先進国の中で米国ほど愛国心が旺盛な国はない」と言われてきました。「いたるところで星条旗がたなびき、国歌斉唱が日常化している」というのが私たちが抱いている米国のイメージです。

多様な人種、移民、宗教からなる米国で愛国心は国を1つにまとめる唯一の精神的なよりどころとされてきました。

しかし、個人主義が浸透した結果、米国人としての共通の価値観よりもそれぞれが持つ異なる人種的、文化的なバックグラウンドに関心が集まるようになったと言われています。

ウォール・ストリート・ジャーナル（WSJ）が2023年3月に公表した世論調査によれば、「愛国心は極めて重要だ」と回答した割合は38％にとどまりました。1998年の調査では70％が「極めて重要」としており、その落差は明白です。

著名な国際政治学者フランシス・フクヤマ氏はこの傾向に危機感を覚えています。

フクヤマ氏は１９８９年に「歴史の終わり」と題する論文を発表したことで日本でも有名です。「歴史の終わり」とは、「国際社会において民主主義が最終的に勝利し、政治体制を揺るがすような歴史的大事件はもはや生じなくなる状況」のことですが、フクヤマ氏はその後、この予測はあまりにも楽観的だったことを認めています。

フクヤマ氏にとって誤算だったのは、アイデンティティー政治の暴走です。

アイデンティティー政治とは、虐げられ阻害されてきた人々（マイノリティー）が「尊厳」を求める社会運動のことを指しますが、この活動が過激すぎるため、米国は国家としてのアイデンティティーを失い、急速に分断かが進んでしまったというわけです。

ＷＳＪの調査では「自分にとって勤勉であることはとても重要だ」と回答した割合が、１９９８年の83％から67％に低下したことも明らかになっています。

愛国心と同様、国を１つにまとめてきた「勤勉」という価値観にも陰りが見えてきた背景には「一所懸命に働けば、成功できる」というアメリカン・ドリームが失効しかかっているという悲しい現実があります。

アメリカン・ドリームは「今は昔」です。

ポッコーニ大学、ロックウール財団、ストックホルム大学の研究者らが行った研究結果によれば、「米国では『貧困』が、デンマークやドイツの4倍、豪州や英国の2倍、世代をまたいで続いていく」とのことです。

格差社会から国民総貧困時代へ

米国では2023年に入り、労働組合によるストライキが目立つようになっています。被雇用者数に占める労働組合員の割合は今や10％に過ぎませんが、スト実施によって高い賃上げを勝ち取る事例が増えており、労組の活動が再びさかんになる可能性が指摘されています。

ストを断行した全米自動車労組（UAW）のフェイン会長は「（今回のストは）ただの賃上げ闘争ではなく、ビリオネア（億万長者）と労働者の間の階級闘争だ」と位置づけています。ストの活発化の背景には、2011年に起きた「ウォール街を占拠せよ」運動と同じ格差是正への要求があると思います。

残念ながら、米国は「格差社会」から「国民総貧困」時代に入った感があります。

オンライン融資仲介大手のレンディングクラブが2022年12月に実施した調査によれ

ば、米国人の64％が「『その日暮らし』の生活をしている」と回答しています。10万ドル以上の収入がある人でも半数以上が「余力がない」と答えており、同社は「インフレの影響が大多数の米国人の財布をむしばみ、給料ギリギリの生活を送る人は過去最高水準に達している」と警告を発しています。

フィナンシャル・タイムズ（ＦＴ）が２０２３年11月に実施した調査でも、「バイデン氏の大統領就任時よりも暮らし向きが良くなった」と考える米有権者は14％にとどまり、「生活を圧迫している最大の原因は何か」との質問に対し、82％が「物価上昇」と回答しました。「今後６か月間における米経済の最大の脅威は物価上昇だ」とした割合も４分の３を占めました（２０２３年11月19日付日本経済新聞）。

統計上、米国のインフレは落ち着きを取り戻しつつありますが、米国民の多くは「物価上昇が生活を圧迫し続けている」との実感を抱いていることが示された形です。

驚くべきは米国では「万引き」が社会問題になっていることです。日本でも書店などでの万引被害が深刻化していますが、米国の規模は桁違いです。

全米小売業協会は２０２３年９月「主要都市で小売り業者を狙った組織犯罪が急増して

おり、2022年の被害は年間1121億ドルに達した」ことを明らかにしています。

国家機能が弱かった中世の時代、略奪行為は富を稼ぐ1つの経済行為とみなされていましたが、この観点から見れば、米国は中世に逆戻りしたのかもしれません。

SNS上では「サイレント・デプレッション（静かな恐慌）」という用語が飛び交うようになっています。生計の手段を失うのではないかとの不安に苛まれており、メンタルヘルス関連の支出はうなぎ上りです（2023年9月14日付Forbes）。

「インフレは民主主義を衰退させる」との指摘もあります。

インフレは一部の者だけが恩恵に浴する事態を生み出します。このため、中間層以下の人々の不満は高まりますが、政府はインフレがもたらす不平等を是正する手段を持ち合わせていないことが多いからです。

米国では最も裕福な人々がさらに裕福になっています。しかし、中間層の人々には明るい要素はほとんどなく、収入が伸び悩んでいるのが現状です。

米国では近年「政治の危機」が叫ばれていますが、中間層が長期にわたって縮小したことが主な要因の1つです。

米国の閉塞感を反映しているからでしょうか、オリヴァー・アンソニーという無名のカントリー・シンガーが歌う「リッチメン・ノース・オブ・リッチモンド（リッチモンドの北の金持ち）」という楽曲が２０２３年8月末、全米シングルチャートで1位となりました。

「いくら働いてもリッチモンドの北の金持ちのせいでまともに暮らせない」と歌うこの曲は、バージニア州リッチモンドの北に位置するワシントンＤＣのエリート政治家たちを非難していると解釈され、保守派の論客らを中心に支持を集めました。

中間層の不満が米国社会のさらなる分断をもたらし、政治の機能不全を助長してしまうのではないでしょうか。

国内の最大の脅威となった白人至上主義者

２００1年9月に発生した同時多発テロ事件後、米国は海外で「テロとの戦い」に注力してきましたが、20年が経った現在、「国内の白人至上主義者らが引き起こすテロが最大の脅威になる」という皮肉な事態となっています。

米司法省は白人至上主義者らに対応するため、国内テロ対策に特化した部門を新設し、米連邦捜査局（ＦＢＩ）も彼らを重点的に監視するようになっています。
なぜ、このような事態になってしまったのでしょうか。
ここで、国内テロの脅威が高まる社会構造の歪みについて見てみましょう。

「世界で最も危険な人物は、お金のない孤独な男性であり、私たちはそうした人を大量につくりだしている」

このように主張するのは、ニューヨーク大学のスコット・ギャロウェイ教授です。ギャロウェイ氏は「仕事や学校に所属せず、人間関係に乏しい、人生を悲観している若い男性が多い」社会が「世界で最も不安定で暴力的だ」と指摘しています（２０２１年10月1日付 BUSINESSINSIDER）。

知識社会が高度化するにつれ、仕事に必要とされる学歴や資格のハードルが上がり、高卒で中産階級の賃金を稼ぐことは困難になりました。非大卒者は不安定な社会の中で経済的打撃を受けやすく、結婚相手が見つけづらくなってしまいました。

近年、米国では薬物やアルコール依存症などによる死者数が急増していますが、この「絶望死」の比率が高いのが、「学歴による生きがい格差」の谷に落ちた非大卒の白人男性なのです。しかし、助けを必要としている彼らへの支援は乏しいままです。

社会の勝ち組になった側にも問題があります。

大卒者などを中心に形成される現在のリベラル勢力は、人種差別をタブー視し、「正当」な意見しか発言を許さない傾向があります。

リベラル勢力は寛容と選択の自由という価値観を大事にしてきたはずなのに、若い世代ほど言論の自由よりも「正義の人は道徳違反を目にすれば咎める義務がある」という信条が強いようです（２０２１年9月25日付クーリエ・ジャポン）。

しかし、負け組たちの「嘆き」を受け止める政治土壌がなくなれば、彼らは自らの怒りを暴力的な手段を用いて表現する以外に方法はありません。

負け組たちを社会に再び迎え入れない限り、米国で国内テロの脅威がなくなることはないのではないでしょうか。

次期大統領選を左右するポピュリズム

建国の父たちがつくった憲法は「抑制と均衡のシステムこそが自由と民主主義を持続させる」という考え方に立脚しています。

しかし、前回の大統領選挙で共和党側が「米国の選挙は不正にあふれている」との主張を続けたことで、米国の選挙制度に対する信頼は大きく揺らいでいます。

制度への忠誠よりも党派政治が優先される状況が今後も続くようであれば、米国の民主主義は機能しなくなってしまうことでしょう。

米国の政治的リスクは先進国としては飛び抜けて高く、経済協力開発機構（OECD）加盟国の中で、今やトルコやコロンビア、メキシコなどと並ぶ高さです。米国は「危うい先進国」になってしまったと言っても過言ではありません。

哲学者のニーチェがかつて「ルサンチマン（恨み）が世界を動かしている」と論じました。国民の間で政治への不満が高まれば、プロパガンダを駆使するポピュリストが活躍するようになるのは世の常です。

ポピュリストが中間層の憎悪の炎をかき立てればかき立てるほど、社会に深刻な分断が生まれ、民主主義が麻痺し、暴力が蔓延することになります。

米国の分断が深まる中、ポピュリズム（大衆迎合主義）が次期大統領選の勝敗の鍵を握るとの指摘が出ています（２０２３年6月7日付日本経済新聞）。

かつて教会や労働組合などが人々の帰属意識を与えてくれましたが、今、その役割を果たしているのはポピュリズムだというのがその理由です。

ポピュリズムへの期待は、公約の達成よりも「全米各地で価値観を共有する大勢の仲間たちとの一体感」へと変わりつつあります。支持する政治家が既存の規範に逆らう言動をとればとるほど、支持者は宗教的なカタルシス（精神の浄化）を覚え、彼らの連帯感は強まるばかりだと指摘されています。

その代表格はトランプ前大統領であることは言うまでもありません。

米国では既に次期大統領選の前哨戦が始まっていますが、現時点（２０２４年1月）ではバイデン氏とトランプ氏の再選の可能性が最も高くなっています。

前述のブレマー氏は「２０２４年の米大統領選は見るに堪えない醜悪な戦いになる」と

悲観的です（2023年5月25日付日本経済新聞）。

有力候補者の高齢化も問題視されています。

バイデン米大統領は2023年11月、81歳の誕生日を迎え、現役大統領としての最高齢記録を更新しました。バイデン氏は自らの健在ぶりを改めてアピールしたが、来年の大統領選を巡って有権者の間には「再選を目指す同氏はあまりに高齢ではないか」との懸念が広がっています。

一方、大統領選の共和党候補指名争いで先頭を走るトランプ前大統領も77歳です。高齢の大統領や候補者が続く理由として、米国民自体の高齢化が指摘されています。2020年の大統領選では65歳以上の有権者が初めて4分の1を超え、その投票率は70％超とダントツです（2023年9月2日付日本経済新聞）。

しかし、70歳代で認知力が急低下する人々が多いのも事実です。

バイデン氏の「老い」を感じさせるエピソードは枚挙のいとまがありませんが、トランプ氏にも同様の症状が表れています。

「高齢不安」は両氏に共通する問題ですが、バイデン氏への悪影響のほうが大きいようです。バイデン陣営が期待する若年層の支持が盛り上がらないからです。

政治に関心が高いＺ世代（１９９０年半ば以降生まれ）は「意中の候補がいない」としらけモードです（２０２３年11月14日付日本経済新聞）。

バイデン陣営は中間層を豊かにする経済政策「バイデノミクス」の成果を強調して有権者を取り込もうとしていますが、インフレのせいで再選戦略に赤信号が点滅しています。

株価が好調であるのにもかかわらず、人々のインフレに対する忌避感が高いことが災いしています。

米国でファシズム化が進む

フォロー風が吹いている感が強い共和党も大きな問題を抱えています。

トランプ氏を熱狂的に支持するＭＡＧＡ（Make America Great Again、米国を再び偉大な国に）グループの存在が党の分裂を招く致命的な要因になっているからです。

この傾向は州レベルで顕著のようです。いくつかの州では党が分裂しかねない対立が起きており、「共和党はメルトダウンしてしまう」との悲鳴が聞こえてきます（２０２３年11

月3日付ニューズウィーク日本版)。

共和党の混乱を尻目に「一人勝ち」の状況にあるトランプ氏ですが、バイデン陣営は同氏の発言を問題視しています。

物議をかもしているのは、トランプ氏が自らの政敵を「寄生虫」と評したことです。バイデン陣営によれば、寄生虫という用語は特定の意味を持ち、1930年代のナチスドイツが多用したと言われています(2023年11月16日付CNN)。

トランプ氏がファシスト化しているかどうかは定かではありませんが、気になるのは、同氏の支持者が「国を救うための暴力なら支持する」傾向が強いことです。

2023年6月にシカゴ大学が明らかにした調査結果によれば、米国の成人人口の4%強に当たる約1200万人が「トランプ氏の大統領再選のためには暴力もやむを得ない」と回答しています。

公共宗教研究所が2023年10月に発表した調査でも、「物事が間違った方向に行きすぎた場合、真の愛国者は、国を救うために暴力に訴えなければならないかもしれない」という意見に米国人の23%が賛成しました(2021年時点の賛成者は15%)が、中でも「『2020年の選挙が盗まれた』とするトランプ氏の主張を信じる」と答えた人の46%が暴力を支持する意思を示しました（２０２３年10月30日付ニューズウィーク日本版）。

米国の社会学者ピヴェン氏は２０２２年の中間選挙直後から「米国はファシスト国家への道を歩んでいる」と警鐘を鳴らしています（２０２２年12月１日付BUSINESS INSIDER）が、暴力で政治権力を奪取しようとする行為はファシストの典型的な現象だと言っても過言ではありません。

米国で内戦が起きる可能性

「米国の分裂状態はベトナム戦争時代よりも深刻だ」との危機感も生まれています。人口よりも銃の数が多く、リベラル派と保守派が激しく憎悪し合う米国で、新たな内戦はまったくの「絵空事」ではなくなっています。

米国で社会の分断が進む中、『アメリカは内戦に向かうのか』（東洋経済新報社、２０２３年）という物騒なタイトルの書籍が出版されました。

著者であるカリフォルニア大学教授（政治学）のバーバラ・ウォールター氏は世界の内戦に共通する要因を見つけ出し、米国が内戦の危機の瀬戸際にあることを論じています。

ウォールター氏が見つけ出した最初の要因はアノクラシーという政治形態です。アノクラシーとは「部分的民主主義」と訳されていますが、民主政が専制政に移行するなどの過程を指します。

ウォールター氏は「2021年1月に発生した連邦議会襲撃事件により米国はアノクラシーの状態に陥った」と主張しています。

アノクラシーとともに内戦を引き起こす共通の要因は「格下げ」です。

格下げとは、社会の支配的階層にあった人々（土着の民）がその地位を失い、二級市民に転落していく現象のことです。

米国では今でも白人がマジョリティーですが、2012年に新生児に占める非白人の比率が5割を超え、全人口ベースでも2045年に非白人の比率が過半数になると予測されています。

さらに、1989年以降、非大卒の白人労働者の生活の質を示すほぼすべての指標（所得、持ち家、結婚比率など）が低下しています。

ウォールター氏によれば、人々を政治的暴力に駆り立てるのは「失う」ことの痛みです。

内戦勃発のリスクが高まる状況下でウォールター氏が最も危険視するのは「民族主義の仕掛け人」の存在です。その代表格がトランプ氏です。

「黒人はみな貧しくて暴力的、メキシコ人はみな犯罪者だ」と決めつけるトランプ氏の物言いはアイデンティティー政治の典型です。現在の共和党は白人のための政党になった印象があります。

２０２３年10月には「我々は革命の真っ只中にあり、今後12か月が歴史上最も爆発的な状況になる可能性が高い」と主張する歴史家まで現れています。

にわかに信じがたい主張ですが、ワシントンの政治エリートたちが国民の怒りに鈍感なのは確かです。

「米国で内戦が勃発する」とは考えたくもありませんが、最悪の事態がしばしば起きることは歴史が証明しているところです。

弱体化する米軍

世界最強と言われてきた米軍も大きな問題を抱えています。

深刻な兵員不足に陥っているからです。

米軍は2022会計年度（2021年10月から2022年9月）の採用目標を達成できませんでした。2023年度も同様の結果に終わったようです。

最も深刻なのは陸軍です。

陸軍は2022年度の採用実績は4万4900人にとどまり、目標の6万人をはるかに下回りました。

空軍も厳しい状況です。

2022年度の採用目標を10％以上下回る見通しです。

米軍は新兵獲得のための大規模なキャンペーンを実施していますが、効果が出ているようには思えません。

米軍は1973年の徴兵制度廃止以来、最大の兵員不足に直面しており、階級を問わず、十分な数の人員を確保できなくなっています。

その原因の1つは労働市場の逼迫化です。米軍は民間企業との間で人材の取り合いになっています。

構造的な問題も見逃せません。

米国では入隊を希望する若者の割合が低下しています。米国防総省によれば、入隊の意思を持つ若者は入隊可能な若者のうちわずか９％に過ぎません。２００７年以降で最も低い水準ですが、若者の軍隊に対するイメージの悪化が影響していると言われています。

各種の世論調査によれば、米国の若者の半数以上が「兵役後、自分は感情的・心理的な問題を抱える」と懸念しています。米軍の自殺者が増加していることが関係しています。２００１年の同時多発テロ後のアフガニスタン戦争やイラク戦争などで米軍の戦死者は７０００人超ですが、自殺者数はその４倍以上の３万人超に上っています。

若者と軍隊との接点が少なくなっていることもマイナス要因です。兵役経験がある親を持つ若者の割合は１９９５年の40％から13％に減っています。

若者の軍隊忌避の傾向以上に問題なのは兵役に適する若者が減少していることです。米陸軍省は２０２２年５月「17歳から24歳までの若者のうち、兵役に就くことができる割合は23％に過ぎない」ことを明らかにしました。

適格者の比率が低下している最大の原因は若者の肥満化です。

志願兵の多くは貧しい家庭で育った若者たちです。入隊すれば給料がもらえる上、大学進学の際には奨学金も用意されています。さらに移民の場合、入隊と引き換えに市民権を手に入れることもできます。

今や軍は貧困層にとって非常に「魅力的な職場」なのです。

しかし、問題なのは米国では貧しい家庭ほど肥満率が高くなっていることです。日々の食事を安くてお腹いっぱいになる高カロリーのファストフードに依存せざるを得ない状況に置かれているからです。

この傾向はアフリカ系アメリカ人やヒスパニックで顕著です。

米疾病対策管理センター（CDC）によれば、米国全体の成人の肥満率は43%であるのに対し、黒人は50%、ヒスパニックは45%と高水準です。

アフリカ系アメリカ人やヒスパニックの新兵が大きな比率を占めるようになった米軍にとって、肥満は「内なる敵」になってしまいました。

米軍は最新鋭兵器の配備に余念がありませんが、十分な兵員が確保できなければ「張り子の虎」になってしまいます。

深刻な薬物被害

米国社会は銃乱射をはじめさまざまな問題を抱えていますが、最も深刻なのは薬物中毒です。

薬物の中で最も危険とされているのは医療用麻薬フェンタニルです。モルヒネの50倍の強度を持つ鎮静剤であるフェンタニルは、末期のがん患者の苦痛を緩和するために開発されましたが、過剰摂取による死亡事故が多発しています。

米国では２０２１年、薬物の過剰摂取で死亡した約10万７０００人のうち、３分の2がフェンタニルが原因だとされています。

通常の麻薬よりも安価であることに加え、医療用とされていることから、依存性が強いにもかかわらず、安易に手を出してしまうからです。

米国では7分に１人がフェンタニルで命を落としている計算です。

18歳から49歳までに限れば、死亡原因の第1位はフェンタニル中毒です。

フェンタニルへの恐怖は米国人の間で広がるばかりです。歯の溶けた中毒患者が通りをふらつきさまよっている様はまさに「ゾンビ」そのものです。

若者をターゲットにしたカラフルに着色されたフェンタニルも出回っており、米南部では幼児がフェンタニルの過剰摂取で死亡する事案も起きています。

最近、効果を長時間維持する目的でフェンタニルに動物用鎮静剤「キシラジン」を加えた新種の薬物も出回るようになりました。

皮膚にあざができ、体の一部を切断せざるを得ないケースが多発していることから、「ゾンビドラッグ」と恐れられています。

米国では以前から薬物使用が問題になっていましたが、新型コロナのパンデミックがこの問題をさらに悪化させました。

パンデミック下で多くの米国人が精神的な苦痛や経済的な困窮、社会的孤立感などに直面し、これまで薬物に縁遠かった人まで中毒になってしまったからです。

日本の国民皆保険制度のような仕組みが米国に存在しないことも薬物の使用を助長しています。新型コロナウイルスに感染しても高額な医療費を払えない人々は、炎症を抑えるために鎮静効果がある薬物の力を借りるしか手がなかったのです。

薬物が蔓延している背景には熾烈な競争社会という構造的な問題もあります。通常の肩こりや腰痛よりも「不安とストレス」に起因する精神的な痛みを癒すために薬物が大量に服用されています。

米国政府はフェンタニルの取り締まりに躍起になっていますが、海外からフェンタニルの流入が止まらないことが悩みの種です。

米麻薬取締局によれば、２０２２年に押収されたフェンタニルは粉末で４・５トン以上、錠剤で５０６０万個に上りました。３億７９００万人分の致死量に相当し、約３億３０００万人の米国人全員の命を奪うのに十分な量です。

米国で流通するフェンタニルの生産者はメキシコの麻薬マフィアですが、その原料を供給しているのは中国です。フェンタニルが「チャイナ・ガール」と呼ばれるゆえんです。

トランプ前政権は２０１８年から中国政府に対し、フェンタニルの米国への輸出を規制するよう、働きかけました。この問題を重視したのは、トランプ氏の支持者が多い「ラストベルト」が全米で最も深刻な被害を受けている地域の１つだったからです。

米国との貿易摩擦を回避するため、中国政府は２０１９年からフェンタニルの輸出規制を強化しました。これにより、メキシコ経由での流入が続いているものの、中国からフェンタニルが米国に直接輸出されることはほとんどなくなりました。

しかし、バイデン政権になると、中国政府は再びフェンタニルに関する輸出規制を緩めてしまいました。

危機感を覚えた米国政府は強硬手段に乗り出しています。

米司法省は2023年6月、フェンタニルの原料を違法に取引したとして、中国の原料製造企業4社と中国人8人を起訴しました。米当局が中国企業を訴追するのは初めてのことでした。

起訴された8人のうち2人がおとり捜査で逮捕されたことから、中国側は猛反発し、「中国と米国の麻薬対策協力の障害になる」と非難しました。

「中国は米国社会のアキレス腱を狙い撃ちにしている」と言っても過言ではありません。

「21世紀版アヘン戦争」を仕掛ける中国に対する米国の激しい怒りが、両国関係を危険なレベルにまで悪化させてしまうのではないでしょうか。

カネの切れ目が縁の切れ目

米国のモノの輸入に占める割合で中国は15年間首位の座を占めてきましたが、２０２３年メキシコに抜かれ第2位に転落しました。

世界経済の４割を占める米中の分断が進んでいるのです。

経済依存の低下が紛争のリスクを高める可能性があります。

第一次世界大戦以前の英国とドイツの経済依存度は現在の米中の水準を超えていましたが、お互いを「安全保障上の脅威」と認識するようになったせいで両国間の経済活動がぎくしゃくし、その後、軍事的衝突を引き起こしてしまいました。

米国の投資家たちも中国の株式市場からカネを引き揚げ、グローバル企業は中国に新たに投資する動きを抑制し始めています。

「金の切れ目が縁の切れ目」ではありませんが、マネーの不調が外交関係に深刻な悪影響を及ぼした歴史の前例があります。

1920年代の日米関係は、ウォール街の金融資本家と日本のリーダーの信頼関係によって支えられていました。ウォール街の金融資本家とはモルガン商会のトーマス・ラモントのことであり、日本のリーダーは金融・財政政策をになった井上準之助のことです。

しかし、1931年に満州事変が勃発し、翌32年に井上が暗殺されると、カネの力で維持されてきた日米の協調体制は瓦解し、両国の国際関係は急速に悪化しました。

ウォール街はこれまで米中関係の安全弁とされてきましたが、マネーの流れが滞ったことでその機能を失いつつあります。

脱ドル化を進める中国の動きも米国にとって癪《しゃく》の種です。

ウクライナ危機を契機に中国人民元による国際決済が大幅に増加しています。人民元決済が最も進んでいるのはエネルギー大国ロシアとの貿易です。

2022年12月にサウジアラビアを訪問した中国の習近平国家主席は、同国との間で包括的戦略パートナーシップ協定を締結しました。

中でも世界の注目を集めたのは中国側が「サウジアラビアの原油輸入を人民元で決済したい」と提案したことです。

サウジアラビアと中国が人民元決済を始めれば、ペトロダラー体制に大きな亀裂が入ってしまうからです。

ペトロダラー体制は、1974年10月に当時のキッシンジャー国務長官がサウジアラビアを訪問し、同国との間で「王家の保護を約束する見返りに原油輸出をすべてドル建てで行う」との合意を成立させたことに始まります。

その3年前の1971年8月、ニクソン政権がドルと金の交換を停止すると、その後、ドルの価値は急落しました。米国政府は金の代わりに原油をアンカー（最後の支え）にすることでドルの価値を安定させようとしたのです。

中国は世界最大の原油輸入国であり、その最大の輸入元はサウジアラビアです。サウジアラビアにとっても中国は最大の輸出先です。

しかし、サウジアラビアは原油取引を人民元で決済するつもりはないようです。

サウジアラビア政府は1981年5月以来、通貨リアルをドルにペッグしており（1ドル＝3・65リアル）、変動相場制を採用しているロシアのように決済通貨を変更することは容易ではないのがその理由です。

自国の安全を保障してきた米国との関係をさらに悪化させることを避けたいとの配慮も

あると思います。

ペトロダラーに代わる「ペトロユアン」の誕生は杞憂に終わった感が強いのですが、米国は中国の動きに神経を尖らせるようになっています。

米大統領経済諮問委員会（CEA）のメンバーであるジャレッド・バースタイン氏は米上院銀行委員会が2023年4月に開いた公聴会で「中国が国際基軸通貨であるドルの弱体化を望んでいるという一定の証拠がある」と述べました。

米国は冷戦終了後に「世界の警察官」になったことでドルの価値は飛躍的に高まり、米国と敵対する勢力もドルを求めるようになりました。

世界の外貨準備に占めるドルの割合は2001年に7割を超えましたが、米国政府がドルを制裁の手段として利用するようになったせいでその魅力が落ち、直近の比率は6割弱にまで低下しています。

通貨覇権を巡る争いが世界戦争の一因になったという過去の苦い経験があります。

第二次世界大戦直後の1940年、欧州戦争を優位に進めていたドイツが「欧州共通通貨」構想を提唱すると、英ポンドに代わってドルの基軸通貨化を目論んでいた米国は「トンビに油揚げをさらわれる」と大慌てになりました。焦った米国はドイツとの対決姿勢を強め、結果的に、第二次世界大戦に参戦することになりました。

中国の「一帯一路」に対する警戒

「中国はまだ『悪の帝国』ではないが、そうなろうと懸命に努力している。中国は米国が21世紀に直面する最大の戦略的脅威だ」

２０２４年の米大統領選の共和党候補指名を目指していたペンス前副大統領は２０２３年９月、支持者の前でこのように訴えかけました。

背景には中国が推進する「一帯一路」構想への警戒感があります。

米国のシンクタンク民主主義防衛基金（ＦＤＤ）は２０２３年９月に発表した報告書で「中国は２０１７年に東アフリカのジブチに人民解放軍の海軍基地を構築し、カンボジアのリアム海軍基地に人民解放軍が駐留できる秘密の施設を建設中だ。さらに、パキスタン、ナミビア、ケニア、アルゼンチンでも宇宙・衛星関連の作戦を支援する遠隔制御基地を運営している。シンガポールやインドネシア、スリランカ、アンゴラ、タンザニア、セーシェルでも航海拠点の設置を打診している」と指摘しています。

ここで、中国の一帯一路について説明しましょう。

中国は2023年10月、一帯一路の10周年を祝いました。

一帯一路とは、習近平国家主席が2013年に提唱した広域経済圏構想のことです。

一帯は中国から中央アジアを経由して欧州につながる陸路を、一路は南シナ海やインド洋を通って欧州に向かう海路のことを指します。

中国政府は一帯一路の対象をアフリカや南米地域まで広げており、インフラ投資などを通じて親中国圏の拡大に躍起になっています。

中国はユーラシア大陸に大きな存在感を示す一方、遠大な海洋に通じる沿岸部を有していることから、古来、陸でも海でも覇権を取ろうとする傾向が強いと言われています。

国力が高まった現在の中国も、伝統的な地政学上の要請に従い、一帯一路を推進しようとしているわけです。

中国政府は2023年10月に発表した白書で「一帯一路に130か国以上が参加し、4000億ドル（約60兆円）以上の投資がなされ、2兆ドル（約300兆円）以上の貿易を生み出した」とその成果を強調しています。

習氏が一帯一路の10周年を祝う記念フォーラムの基調講演で「参加国とともに量から質

への転換を目指す」と強調したように、一帯一路は曲がり角を迎えつつあります。

最大の問題は、融資を受けた参加国の債務が膨れ上がっていることです。

前述の白書は「参加国は中国輸出入銀行に対し、合計３０００億ドル（約45兆円）以上の債務を負っている」としていますが、参加国の債務総額は８０００億ドル（約１２０兆円）に上るとの推計があります。


中国が貸し付けた資金の不良債権化も進んでいます。

米調査企業ロジウム・グループによれば、当初の約束どおりに返済されない「問題債権」は２０２０〜２２年に７６８億ドルに達し、２０１７〜１９年（１７０億ドル）の４・５倍に急拡大しています。


かつてのような「大盤振る舞い」はできなくなり、影響力が低下したことは事実ですが、一帯一路をテコに中国が国際社会でのプレゼンスを拡大させたことは確実です。

アフリカ向けの大規模融資のおかげで中国の国連での影響力は高まりました。西側諸国が香港や新疆《しんきょう》ウイグル自治区での人権侵害を問題視しても、アフリカの多くの国々が中国政府を擁護するとの光景は日常化しています。

首脳会談後も米国で高まり続ける「中国脅威論」

バイデン米大統領は2023年11月の首脳会談の終了後、習近平国家主席に対して「またお会いしましょう」と呼びかけました。

ウクライナや中東での紛争対処に追われ、中国との軍事衝突を避けたいバイデン政権は、融和ムードを懸命に演出しましたが、私は「両国の対立の構図が改めて浮き彫りになったのではないか」と考えています。

特に顕著なのは経済安全保障の分野です。

米国が2022年10月に実施した先端半導体の輸出規制などについて、習氏が「中国の利益を損ねている」と不満を述べたのに対し、バイデン氏は「国家安全保障を損なう恐れがある先端技術の利用を防ぐため、必要な措置を取り続ける」と拒否しました。

このところ経済が急減速しているものの、「中国経済はいずれ米国経済を追い抜く」と予測する米国の経済専門家は少なくありません。

中でも脅威に感じているのは先端技術分野での中国の優位です。

オーストラリアのシンクタンク、豪戦略政策研究所（ＡＳＰＩ）が２０２３年9月に発表した「先端技術研究の国別の競争力ランキング」によれば、極超音速や水中ドローンなど23分野のうち、約８割に当たる19分野で中国がトップでした（４分野は米国がトップ）。中国は２０１５年に策定したハイテク産業の振興策「中国製造２０２５」の中で、建国１００年を迎える２０４９年までに世界の製造強国の先頭に立つことを宣言しています。中国は国を挙げて投資を進め、既に米欧日をリードする事態になりつつあるのです。

危機感を強める西側諸国は、中国への技術流出に対する警戒を強めています。米英など５か国の機密情報共有の枠組み「ファイブ・アイズ」は２０２３年10月「中国が知的財産を盗んでいる」との異例の共同声明を出しました。中国が官民挙げてファイブ・アイズ加盟国の企業に対してＡＩを使ったハッキングやスパイ活動を行っている現状について、米連邦捜査局（ＦＢＩ）のレイ長官は「中国は世界中のイノベーションに『前例のない脅威』になっている」と非難しました。

米国の世論も同様の傾向を示しています。シカゴ国際問題評議会が２０２３年11月に発表した調査によれば、米国人の65％が「中国が知的財産を盗んでいる」、32％が「中国は既に米国を超えた」と回答しました。同評議会は「過去30年で最も悪い数字であり、米国の対中認識が劇的に変化したことを表している」としています。

中国製品やサービスにも疑念の目が向けられています。

米ピュー研究所が２０２３年７月に発表した調査結果によれば、59％の米国人が「TikTok」を米国の安全保障に対する脅威だと捉えています。

「中国を侵略国家だ」と捉える米国の政治家も中国への対抗策を次々と講じています。

米連邦議会の超党派諮問機関「米中経済安全保障調査委員会」は２０２３年11月に発表した年次報告書で民間技術を使って軍事力を増強する中国の「軍民融合」を警戒するよう改めて主張し、中国による米国企業への投資審査を厳しくするよう要請しました。

米議会の超党派議員は「米国内で実施している自動運転車の走行試験を利用して、米国のインフラに関する機密情報を収集している恐れがある」として中国企業に回答を求める書簡を送っています。電気自動車（ＥＶ）を中心に競争力を強めた中国の自動車メーカーは輸出攻勢を強めていますが、中国製自動車が「トロイの木馬」の役割を果たしているとの疑いが高まっているのです。

トロイの木馬と言えば、各大学に設置されていた中国語の教育機関「孔子学院」です。「中国のプロパガンダやスパイ活動の拠点だ」との悪評が立ったため、米国ではほぼゼロになりましたが、名称を変えて存続していると言われています。

米中関係がぎくしゃくしても、中国人の米国留学熱は収まっておらず、直近の数字でも40万人弱の中国人留学生が確認されています。

2023年8月、米カリフォルニア州で中国系企業が新型コロナウイルスなどを使った危険な実験を秘密裏に行っていたことが明るみになりましたが、連邦議会下院の特別委員会は11月、問題になった企業と中国政府との関係を示す調査結果を公表しました。

それによれば、当該企業の所有者は中国人民解放軍の軍事プログラムに関与しており、中国の複数の銀行から130万ドル（約1億9500万円）もの資金を受けていました。

米国で「黄禍論」が台頭？

米国社会は国外に「強大な敵」をつくらない限り、求心力を保つことができなくなっています。その悪役を演じることができるのは中国以外にはないでしょう。

2023年2月に起きた米軍による中国の気球撃墜事件以降、米国では「中国脅威論」が高まるばかりです。

7月にはグアムなどの米軍基地につながる送電や通信、用水を操作するコンピューターネットワークの深部にマルウェア（悪意のあるソフト）が仕掛けられていることが判明しました。マルウェアは有事に発動させる仕組みになっており、中国が台湾に軍事侵攻した際に起動させて米軍を混乱に陥れる意図があるとされています（2023年7月29日付ニューヨーク・タイムズ）。

中国のハッカー攻撃の標的は米国政府ばかりではありません。

7月に開催された米下院エネルギー・商業委員会の場で米電力業界の幹部は「中国のサイバー攻撃は最も活発な脅威の1つである」と証言しています。

米国家情報長官室は2023年に発表した報告書の中で「中国は石油・天然ガスパイプラインや鉄道システムなど重要インフラを混乱させるサイバー攻撃を仕掛ける能力が確実にある」と指摘しています。

米国での中国に対するイメージも急速に悪化しています。

ピュー・リサーチ・センターが２０２３年4月に発表した世論調査によれば、「中国は敵だ」と回答した割合が38％となり、前年から13ポイントも上昇しました。

中国系米国人は２０２１年時点で５５０万人に達し、米国で最も増加している人口集団の1つですが、コロナ禍で生じた中国系への反感はさらに強まっています。

米国では中国人や中国企業による土地の買収も問題になっており、各州が相次いで規制強化に乗り出しています。

バージニア州では中国を念頭に置いた「敵対国」への農地の売却を禁じる法律が成立しました。サウスダコタ州やテキサス州でも同様の試みが進みました。

アーカンソー州のサンダース知事は２０２３年10月、「中国系企業に同州の農地売却を義務づける」ことを明らかにしました。外国人が州内で農地を所有することを禁止する全米初の措置です。

土地取得の制限が移民排斥につながってしまうかもしれません。

20世紀前半の米国では「黄禍論（黄色人種警戒論）」が猖獗《しょうけつ》を極めていました。

１９１３年にカリフォルニア州で外国人土地法が成立しましたが、目的が日系人を締め出すことだったことから、「排日土地法」と呼ばれました。その後、１９２４年にいわゆる「排日移民法」が米議会で成立し、日米関係の悪化が極端に進みました。忌まわしい歴史が繰り返されることになってしまうのでしょうか。

歴史を振り返れば、他国との対決が米国を国家として結束させてきました。

1930年代も党派対立が絶えませんでしたが、第二次世界大戦に参戦すると国は一致団結しました。その後旧ソ連との冷戦となりましたが、旧ソ連が崩壊すると再び国は分裂状態になりました。

21世紀初頭からのテロとの戦いでは国をまとめることはできなかったのですが、ようやく米国を団結させることができる「望ましい敵（中国）」が登場したのです。

米国で結束を生み出す「唯一のよすが」となりつつある中国ですが、その内情はどうなっているのでしょうか。

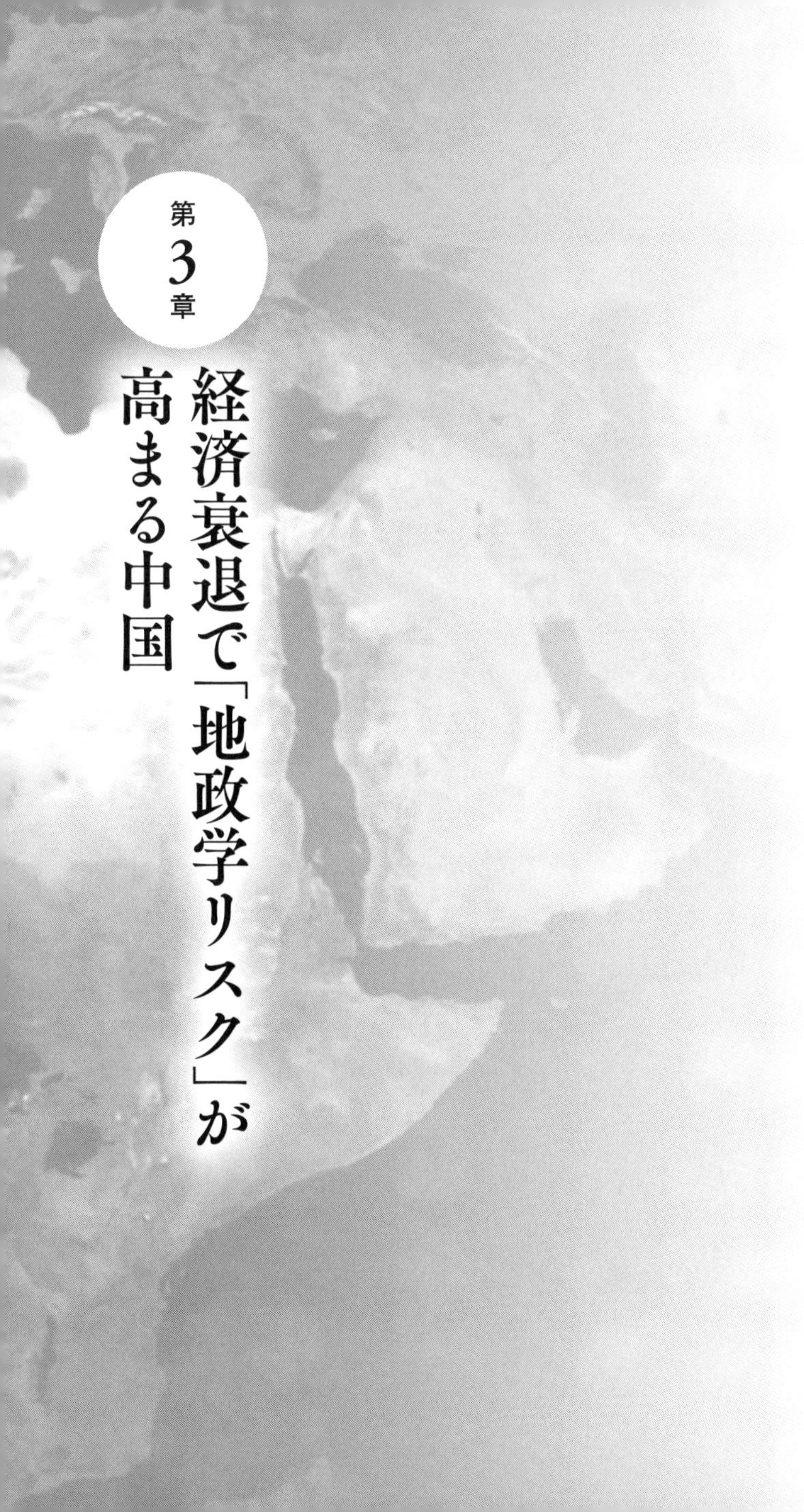

第3章

経済衰退で「地政学リスク」が高まる中国

バブル崩壊後の日本に酷似してきた中国

中国経済は今、何もかもがうまくいっていません。

その苦境を見るにつけ、私は「現在の中国経済は30年前のバブル崩壊後の日本経済に酷似している」との思いを禁じ得ないでいます。

「中国経済は『バランスシート不況』に陥りつつあり、財政刺激策を速やかに強化し、これに対処する必要がある」（2023年6月23日付ブルームバーグ）

このように主張するのは、野村総合研究所のチーフエコノミストであるリチャード・クー氏です。クー氏は日本経済が1990年代に停滞した理由を説明するため、バランスシート不況という用語を生み出したことで知られています。

バランスシート不況とは、資産価格や経済成長の見通しに対する懸念から、民間セクター（家計や民間企業）が消費や投資よりも債務の返済に収入の多くを振り向ける状況（バランスシート悪化の修復）のことです。個々の主体にとっては合理的な行動ですが、その結果、経済全体が需要不足となり、長期のデフレに陥ってしまいます。

この怖さは日本人ならだれもが知っていることです。

中国人民銀行は金融緩和に舵を切っていますが、「企業は金融機関から調達した資金を本業に回していない」との指摘が出ています。

中国のＧＤＰに対する債務比率は２０２３年第１四半期に２７９・７％と過去最大になっており、過剰債務の削減の動きが出始めています。

先行きの不安から、家計の貯蓄も増える一方です。

このように、中国経済はバランスシート不況に既に入っていると言っても過言ではありませんが、前述のクー氏は「中国政府関係者は既にこの問題を認識しており、日本の失敗は繰り返さない」と楽観的です。

しかし、本当にそうでしょうか。

「中国で大規模刺激策が実施される」との期待が高まっていますが、私は「その可能性は低い」と考えています。

１９９０年以降の日本では公共事業中心の財政刺激策の非効率性への批判が噴出しましたが、現在の中国も同じ状況にあります。

ゼロコロナ政策関連の支出が急拡大する一方、不動産市況の悪化で土地使用権の売却収入が激減したからです。

地方政府が運営する資金調達事業体（ＬＧＴＶ）の多くは倒産の危機に瀕しており、中国最大級の国有銀行がその尻拭いをさせられています。

しわ寄せを受けている銀行の株価は下落しています。

わかっていても実行力が伴わなければ問題は解決できません。

残念ながら、中国経済も日本の轍《てつ》を踏まざるを得ないのではないでしょうか。

不動産バブルの崩壊

日本経済新聞は２０２３年11月28日から「宴の後の中国不動産」と題する連載記事を掲載しましたが、最も印象的だったのは「値上がり神話は完全に崩れ去った。今の値段では誰も買わない」とする中国の不動産関係者の嘆きです。

中国の不動産バブルが始まったのは１９９８年からでした。

政府が住宅を商品として売買できるようにし、開発の促進を講じたことから、企業の参入が相次ぎました。その後、高度成長が続き、「住宅価格は必ず上がる」という神話を信じた多くの人々が自宅購入や投機に走ったことで、中国で不動産バブルが発生したのです。

中国の不動産バブルは１９８０年代末までの日本をはるかに上回る熱狂ぶりでしたが、日本と同様、不動産価格の高騰を抑えるために政府が金融面から締め付けを強引に行うとあっけなく弾けてしまいました。

中国の不動産市場が変調をきたし始めたのは２０２０年です。

中国政府が高騰する不動産価格を抑制するため、大手不動産企業の財務状況への監視を強化したことがきっかけでした。資金調達の規模を制限する「３つのガイドライン」のせいで金融機関の貸し渋りに直面した中国第2位の中国恒大集団（エバーグランデ）が２０２１年に経営破綻に陥りました。

不動産業界全体を苦境に陥れた中国恒大集団の再建の道筋も立っていないばかりか、中国不動産最大手の碧桂園《へきけいえん》（カントリーガーデン）も２０２３年8月、創業以来の危機に直面する事態となってしまいました。

不動産不況は2年が経っても終わりが見えず、今後、長期にわたって中国経済は低迷するとの見方が強まっています。

「クジラが沈んで海に沈む」

中国のネット上では今、不動産業界を揶揄するフレーズが流布しています。不動産業界のクジラ（大手企業）が死ぬと「他の生物（関連産業）もみんな死ぬ」という意味です（2023年11月29日付日本経済新聞）。

中国の不動産開発投資は大きく落ち込んだままで、経済の屋台骨を担ってきた不動産市場には深い闇が広がっています。

中国国家統計局の元高官は2023年9月「（現在、国内にあるマンションの空室や空き家について）中国の人口14億人でさえすべてを埋めることは不可能だ」との見方を示しました。中国における不動産の過剰供給はかねてから知られていましたが、政府関係者がこのことを追認したことの意味は大きいと思います。

中国政府は1兆元（約20兆5000億円）規模の経済対策を打ち出しましたが、専門家は「従来通りのインフラ整備頼みの景気刺激策では効果は期待できない」と否定的です。投資家の間では「中国の不動産市場の『長い冬』に備えろ」との声が高まっています。気になるのは「不動産市場の低迷が社会不安の要素となる」との指摘が出ていることです。米ボイス・オブ・アメリカ（VOA）は2023年11月「中国で未完成のまま放置されているマンションは約2000万戸に上るが、住宅引き渡しの遅延問題が社会の安定を脅かす可能性がある」と報じました。

約2000万戸の未完成マンションを完成させるためには約3兆2000億元（約64兆円）の資金が必要ですが、資金繰りの悪化に苦しむ不動産業界には巨額資金を捻出できる力はありません。

この問題を放置すればするほど、新規マンションの引き渡しを待つ多くの国民の間で不満が募り、その怒りがいつ爆発してもおかしくない状況になるでしょう。

中国政府は2023年11月、重い腰を上げて碧桂園の救済に乗り出しました。中国保険大手「平和保険」に碧桂園の支配株主になるよう求めますが、これが売り材料になって株価が急落した平和保険は、政府の要請をにべもなく断ってしまいます。

政府のメンツが丸つぶれです。それればかりか、市場は「不動産開発大手の破綻が金融システムにとって大きなリスクとなる」と問題視するようになってしまったのです。「やぶ蛇」以外の何ものでもありません。

金融危機の恐れ

かつての日本が経験した「貸し渋り」が中国でも始まっているようです。

中国人民銀行は2023年11月、銀行などの金融機関に対し、貸し渋りをしないよう求める異例の通知を発出しました。不動産大手の相次ぐ経営不振で金融環境が悪化している中、民間企業の資金繰り悪化を防止するのが狙いです。

中国政府が不動産業界を救済するために金融業界に対して圧力を強めています。

中国政府はさまざまな資金調達支援が受けられる不動産企業50社のリストを策定しました。「住宅完成のために必要な資金（約3兆2000億元）の確保に協力せよ」とのメッセージでしょうが、リストの中に経営危機に陥っている業界トップの碧桂園などが入っていることが気がかりです。

中国政府は不動産企業50社への無担保融資も求めているとされていますが、この動きに対し、JPモルガン・セキュリティーズは「（金融機関にとって）危険な動きになりかねない」と警告しています。目先の懸案解決のために野放図な融資をすれば、金融機関が多額の不良債権を抱えてしまうことになってしまうからです。

不動産バブルの崩壊で中国の金融システムも傷んでいます。

中国の大手信託企業の中植企業集団が2024年1月に経営破綻したように、「信託業界に金融危機の火種がくすぶっている」との噂が広がっています。

中国の信託業界の規模は2兆9000億ドル（約424兆円）に達していますが、信託企業の4分の1以上が深刻な財務危機に陥っている（ディストレス）状態にあると言われています。不動産企業に多額の資金を提供してきた信託業界の苦境は、中国経済をさらに困難な状況に追い込むことは間違いないでしょう。

「中国で金融危機が起きる」と断言するつもりがありませんが、不動産危機に次いで金融危機が起こるのは過去の歴史が教えるところです。

中国の大手不動産開発企業のデフォルト（債務不履行）が相次いでいることから、世界の金融関係者は「中国の不動産セクターが次の金融危機の最大の震源地になるのではないか」との危機感を強めています。

米銀バンク・オブ・アメリカが2023年9月に実施したファンドマネーに対する調査によれば、中国の不動産セクターを懸念する割合が33％と第1位となりました（8月は15

%）。8月の調査では「米国や欧州の商業用不動産が最大のクレジットリスク」と考えられていましたが、中国の不動産リスクがこれを上回ったのです。

中国の民間債務はリーマンショックが起きた2008年末からの2022年末までの14年間に33兆ドルも増加しました。その規模は同期間の世界の債務増加額の過半を超えています。中国の民間債務は38兆ドルとなり、米国と並んで世界第1位です。

未曾有の債務を積み上げ、空前の不動産バブルを謳歌してきた中国でしたが、その命運がまさに尽きようとしています。

「日本化」さえも困難になってきた中国

中国経済のデフレ化が鮮明になっています。

2024年1月の消費者物価指数（CPI）は4か月連続で前年比マイナスとなりました。下落幅は0・8％となり、2009年以来の大きさです。

中国人民銀行は「長期的なデフレを生む要素はない」としていますが、この傾向は2024年以降も続くことが予測されています。

デフレが怖いのは、消費者が「物価が下がり続ける」として買い控えを行い、これによる需要減で企業の倒産、投資削減、人員整理などを進み、さらに物価の下押し圧力が生じるという、下方スパイラル現象が起きてしまうことです。

バブル崩壊後の長期にわたる低迷を経験した日本では「デフレスパイラル」という言葉が人口に膾炙《かいしゃ》しましたが、中国でもデフレスパイラルが生まれる危険性が指摘されるようになっています（２０２３年12月12日付ブルームバーグ）。

不動産バブルが崩壊して長期の不況に陥るとの懸念が高まっていることから、中国経済の「日本化」が指摘されることが多くなりましたが、「日本化すら達成できない」との見解も出ています。

このことを最初に述べたのは、ノーベル経済学賞を受賞したポール・クルーグマン氏です。

２０２３年7月に公開されたニューヨーク・タイムズ紙への寄稿文の中で「中国は日本のようにはならない。もっと悪くなるだろう」と主張しています。

日本の場合、バブル崩壊後、十数年経ってから人口減少が始まりましたが、中国ではバブル崩壊と人口減少がほぼ同時に起きています。

日本経済を長年ウォッチしてきたイェスパー・コール氏も同意見です。

「バブル崩壊後の日本は高成長を続ける中国への輸出拡大で恐慌を回避できたが、今の中国には輸出拡大を期待できる国が見当たらない」というのがその理由です（2023年9月29日付日本経済新聞）。

景気対策に後ろ向きな中国政府の姿勢もネガティブ要因です。

1990年代の日本政府は景気下支えのために大規模な景気刺激策を打ち続けましたが、中国政府は需要を喚起する政策を講じようとしていません。

その原因として挙げられるのは「習近平国家主席が2008年に実施された4兆元規模の景気刺激策のことを苦々しく思っている」との見立てです。

習氏の景気刺激策に対する評価は「中国の国民は苦労せずにカネを得ることばかりを考える『パラサイト（寄生虫）』になった。社会全体に浪費と汚職が蔓延し、巨額の債務だけが残った」という散々なものです（2023年9月27日付ニューズウィーク日本版）。

政府の下支えがなければ、中国経済が深刻なデフレ状態になることは確実です。

中国政府が積極的な経済対策を実施できないのには理由があります。従来の経済対策で中心的な役割を果たしてきた地方政府の財政が「火の車」だからです。「地方政府が駄目なら、中央政府が主体となって経済対策を実施すべき」との声が出ていますが、中央政府は慎重な姿勢を崩していません。「習氏が経済成長よりも国家安全保障やイデオロギーを重視しているからだ」と解説する向きもありますが、私は「中央政府は経済対策を講じるための実力がないのではないか」と考えています。

中央政府が財政規模を拡大するためには人民元の大量発行が不可欠ですが、中国は日本や米国のように自国通貨（人民元）を自由に発行できない事情があるからです。

このことを論じてきたのは、産経新聞特別記者の田村秀男氏です。

中国人民銀行の資金の伸びと中国の外貨準備の伸びの間で強い相関関係があることに気づいた田村氏は「中国の通貨金融制度は実質的に『米ドル本位制』だ」と主張しています。

これが意味することは、外貨準備（主にドル資産）が潤沢でなければ、中国政府は人民元を大量に発行できないということです。

リーマンショックが発生した2008年時点のドル資産は人民元発行残高の1・3倍に達していましたが、その後、減少し始め、2015年にその比率が1を割り込んでしまいました。2018年以降、当時のトランプ政権との間で貿易戦争が勃発したため、その比率はさらに低下しています。

制度上、人民銀行の裁量で人民元を発行できることになっていますが、「ドル資産の裏付けなしに人民元を大量発行すれば、人民元の価値が暴落する」ことを恐れる中央政府は、人民元の大量発行を伴う財政出動ができないというわけです。

これが正しいとすれば、中国経済がハードランディングするとのシナリオは一気に現実味を帯びてきます。

疑問符がつく中国の競争力

中国の科学技術分野の論文発表数は米国に次いで世界第2位となり、「科学技術大国」のイメージが強まっていますが、実態は違うようです。

研究の不正が横行し、中国の研究者たちが「偽造論文」を世界中にまき散らしている実態が明らかになっています（２０２３年4月23日付クーリエ・ジャポン）。

成長の新たな源泉を見つけることが急務になっている中国経済にとって、頼みの綱はハイテク産業です。

中国は２００９年に新車販売台数で米国を抜いて世界第1位となりました。

今やＥＶ分野では世界最大の市場規模を誇っていますが、手放しでは喜べない状況だと言わざるを得ません。

中国の自動車市場における過剰生産能力は年間約１０００万台となっており（２０２３年の北米地域の全生産台数の３分の2に相当）、ＥＶでも同様だからです。

競争の激化で中国のＥＶ企業は共倒れの状態になりつつあります。

２０２３年9月10日付ロイターは「中国の自動車業界を襲う賃下げ、需要減と値下げの悪循環」と題する記事を報じました。政府が投じた多額の援助が招いた過剰生産能力が災いして、中国ではＥＶの価格競争によって各自動車企業はぎりぎりのコスト削減を迫られ、３０００万人に上る自動車産業労働者や10万社を超える自動車部品企業に深刻なしわ寄せが及んでいるのです。

ＥＶが売れても中国経済が一向に潤わない現状について、エコノミストらは「中国の自動車産業はむしろ経済成長の足を引っ張る可能性さえある」と悲観的です。

世界市場をいくら席巻しても、中国のＥＶ産業は中国経済の救世主になることはできないと思います。

中国は「５Ｇ（第5世代移動通信）大国」としても知られています。

国内の５Ｇ基地局数は２０２３年４月時点で２７０万基を超え（世界に占めるシェアは約6割）、ユーザー数も６億３４００万人に達していますが、中国の３大通信事業者の業績向上につながっていません。５Ｇの特性を生かしたキラーアプリがないからです（２０２３年6月19日付東洋経済オンライン）。

中国のハイテク産業は「張り子の虎」だと言っても過言ではありません。

バブル崩壊でカネ回りが悪くなれば、「化けの皮」が剥がれるのは時間の問題です。

日本のハイテク産業がバブル崩壊後の救世主になれなかったように、中国のハイテク産業も期待外れに終わると私は考えています。

少子化、雇用市場のミスマッチ

中国経済の「日本化（不動産バブルの崩壊を契機に長期不況に陥ること）」が指摘されることが多くなりましたが、私は「さらに深刻な『日本化』の問題があるのではないか」と危惧しています。

その問題とは急速に進む少子化のことです。

２０２２年、中国の人口は60年ぶりに減少しました。

２０２３年の人口は前年に比べて２０８万人減少し、14億９６７万人になりました。人口減少は２年連続で、減少幅は２０２２年（85万人）の２倍以上です。

２０２３年の出生数は９０２万人となり、統計開始以降の最低値を再び更新しました。

中国各地で産婦人科や幼稚園などが閉鎖になっているとの噂が後を絶ちません。

メンタルをやられている若者も多く、中国のうつ病患者の３割は18歳以下が占めると言われています（２０２３年10月13日付 Record China）。

少子化を招いている主な要因は養育費の高さです。

中国の人口・公共政策研究機関「育媧人口研究智庫」によれば、中国で18歳まで子供を育てるためにかかる費用は1人当たりGDPの6・9倍に相当します。出生率が世界最低と言われる韓国（7・8倍）に次いで世界で2番目に高いのです。

若者にとって「居心地の良い家で子供たちに囲まれて生活する」というチャイニーズ・ドリームは消滅しました。

日本の経験からわかるとおり、小手先の少子化対策では事態は全く改善しません。若者が将来に希望を持てる状況にしない限り、中国の少子化は日本をしのぐ勢いで進んでしまうのではないでしょうか。

少子化が進んでいるのに、その労働力を有効に活用できていないことも大きな問題です。

中国の労働市場全体は既に人手不足の状態にあります。生産年齢人口（16〜59歳）は2012年から減り始めており、職業訓練を受け、実用的な技術を身につけていれば、雇用はいくらでもあります。にもかかわらず、大卒者は就職難にあえいでいます。

中国政府が発表した２０２３年６月の若年（16〜24歳）失業率は21・３％と過去最悪となりましたが、実態はさらにひどいようです。

北京大学の張丹丹副教授は「就職活動をせず家で寝そべっているなどの約１６００万人の若者の存在を考慮すれば、２０２３年３月の失業率は46・５％に達した（政府の発表は19・７％）可能性がある」と主張します。

雇用市場に深刻なミスマッチが生じているのですが、その原因は産業界のニーズを顧みることなく、大学の定員を長年拡大し続けてきたことにあります。

雇用市場におけるミスマッチはさらに悪化しそうです。２０２４年夏に卒業する大学生や大学院生は前年比21万人増の１１７９万人と過去最多を更新する見通しだからです。

構造問題を解決するためには多くの時間がかかるのは言うまでもありません。

不動産不況は、地方政府で働く公務員の懐に大打撃を与えています。

地方政府の収入の約４割を占めてきた土地使用権の売却収入が激減し、公務員への賃金未払いが常態化しているからです。多くの都市で給料が半年にわたって支払われていない事態になっていると言われています（２０２３年12月４日付朝日新聞）。

しかし、皮肉な現象も起きています。大学を出ても4割が職に就けない若者の間で空前の公務員ブームが生まれているのです。

国家公務員試験の共通科目筆記試験が2023年11月に行われましたが、採用予定人数3万9600人に対して受験者数は303万3000人に達しました。史上初めて300万人を突破し、競争倍率は約77倍になりました。

難関を突破すれば安定した生活が保障される時代は終わりましたが、若者たちは「困った者は藁にもすがる」気持ちなのでしょう。

若者の失業問題は中国の労働市場全体に悪影響を及ぼします。

中国企業が20代を低賃金で採用する代わりに、相対的に人件費が高い30代、40代をリストラすることが想定されるからです。

家族を形成し、住宅ローンなどを抱える30~40代の人々の間でリストラの波が広がれば、中国社会に与える負のインパクトは若者の失業問題の比ではないでしょう。

高齢者に自殺を強いる社会

中国の２０２２年の65歳以上の人口比率（高齢化率）は約15％となり、「高齢社会」に突入しています。高齢化率は２０３４年に21％台に達すると予測されていますが、「超高齢社会」にとって不可欠なのは「介護」の担い手です。

中国の介護を支えるのは「親孝行」の精神でした。中国では古来より美徳とされてきましたが、高齢者が急増する現在、家族がつきっきりで介護してきた伝統的な「24時間介護」は不可能になりつつあります。

気になるのは、親孝行の点でも中国で日本化が進んでいることです。

日本で活動するジャーナリスト、周来友氏は２０２３年７月に４年ぶりに北京市に里帰りしましたが、日本の「悪しき現象」が中国でも蔓延していることに愕然としたそうです。

悪しき現象とは「高齢者を社会のお荷物、厄介者のように扱う」ことですが、急速な経済成長を遂げた**中国でも「老後の面倒を子供が見る」という発想そのものがなくなりつつ**

あることを実感したのです（2023年9月18日付ニューズウィーク日本版）。

中国でも2016年5月から北京市をはじめ16都市で介護保険制度が試験的に導入されています。享受できるサービス内容は日本とほぼ同様ですが、対象は「主に都市従業員基本保険に加入した者」に限られています。

日本の介護問題も大変ですが、「豊かになる前に高齢化が始まった」中国の深刻さはその比ではありません。「全土で『介護難民』があふれる」事態が現実味を帯びています。

一方、農村部の高齢者の半数超が独居または夫婦のみで生活しており、日本と同様「老老介護」が当たり前になりつつあります（2023年11月6日付東洋経済オンライン）。

認知症患者は既に1500万人に上ると言われています。

しかし、さらに深刻な問題が待ち受けています。

日本ではあまり知られていませんが、中国では1980年代から農村部の高齢者の自殺率の高さが問題になっていました。「中国全体の自殺率の3倍以上だ」とする調査結果もあります。

子供たちが都市部に出稼ぎに行くことが多い農村部で、体の自由が効かなくなった高齢者が自殺をしてしまうケースが後を絶たないのです。

中国の農村部では最近でも『楢山節考』（深沢七郎の小説。年老いた母を背負って山に捨てに行く物語）を彷彿とさせる出来事が起きました（２０２０年12月９日付ダイヤモンドオンライン）。

「高齢者の自殺はやむを得ない。むしろ賢明な選択だ」とするおぞましい因習がいまだに社会の底流に流れているのかもしれません。

都市部の高齢者の自殺率も21世紀に入り、上昇し始めています。都市再開発に伴う自宅からの立ち退きなどが頻発し、見ず知らずの場所に移住させられた高齢者の多くが孤独に苛まれ、挙げ句の果てに自ら死を選ぶというのです。

今回の不況で中国の都市部の中間層は大打撃を被っています。給与が下がり、頼みに綱の不動産価格が下落する状況下でこれまでのように親の介護費用を捻出する余裕はなくなっています。

今後、都市部の高齢者の自殺が急増する可能性は高いと思います。

このままでは中国は高齢者に自殺を強いる社会になってしまうのではないでしょうか。

民意に鈍感な中国政府

習近平指導部は若者との対話を試みようとしていますが、彼らの実態をよく理解していないのではないかと思えてなりません。「苦境にいるからこそ1人1人の人格が磨かれるのだ」といった過去の教えが、全く異なる時代に育った若者の心に響かないのは当然です。

国民からの批判を恐れ、中国政府は「フォロワー50万人以上なら実名の表示が必要」とのインフルエンサーに対する規制も導入し始めており、若者の不満は高まる一方です。

2023年の東京のハロウィーンは盛り上がりに欠けましたが、上海のハロウィーンは11月に入っても異例の展開を見せていました。

上海のハロウィーンはコロナ前までは日本と同様、コスプレが中心でしたが、2023年は政治や社会問題をテーマにしたものが多くなりました。中でも目立ったのが全身白い防護服を着た「大白（ゼロコロナ政策下で市民を監視していた集団）」の格好をしていた若者たちです（2023年11月11日付ダイヤモンドオンライン）。

習氏は２０２３年10月、新たに選出された女性団体指導者たちを北京市に招いて、若者の結婚と出産に関する考え方を変え、人口を増やして高齢化に積極的に対応するよう指示しましたが、これほど民意を無視したものはないでしょう。

若者が結婚などに消極的なのはもっぱら経済的な事情によるものだからです。

私は、社会の閉塞感に絶望した若者の間で広がる「日本化」にも注目しています。

中国の「寝そべり族（タン・ピン）」は日本でも有名になりました。タン・ピンとは「だらっと寝そべる」という意味であり、仕事をしないで寝そべって何もしないというライフスタイルのことです。30年前のバブル崩壊後の日本でもこのような若者が大量に発生したことが思い出されます。

寝そべり族の増殖のせいで「結婚しない」中国の若者が急増しています。

中国の15歳以上の独身者の人口は約2億３９００万に達しており（中国統計年鑑２０２２）、婚活が中国でブームになるのは時間の問題なのかもしれません。

国民全体の政府に対する不満はうなぎ上りのようです。

米世論調査企業「モーニング・コンサルタント」が２０２３年11月に公表した調査結果

によれば、中国成人の満足度は、ゼロコロナ政策への不満から政府に対する広範な抗議活動が起きた2022年後半よりも低下し、過去最低水準になりました。

2023年11月27日、中国各地でゼロコロナ政策に白い紙を掲げて抗議したいわゆる「白紙運動」が起きてから1年が経過しました。

その後、ゼロコロナ政策が解除されたことから、「これで経済はV字回復する」との期待が大いに高まりましたが、3年間続いたゼロコロナ政策の傷跡はあまりに大きかったと言わざるを得ません。

2023年12月3日付英フィナンシャル・タイムズは「中国で借金を返済できずに当局のブラックリストに載った人の数は、2020年初期の約570万人から約854万人となり、過去最高となった。18歳から59歳の人たちが大多数を占めていることから、景気回復の大きな足かせになる可能性が高い」と報じました。

最近、中国を訪問した日本人から「数年前までの自信満々の雰囲気はどこに行ってしまったのか」との感想を聞くことが多くなりました。

中国ではこれまで経済発展とともに「民主的に開かれた社会に向かって前進している」

という感覚が国民の間で共有されてきましたが、「今は昔」です。社会に活気がなくなってしまった中国。このことは中国にも長く「失われた時代」が到来することの証左なのではないかと思えてなりません。

中国政府は国民の心情を逆なでする行為を続けているような印象が強いのですが、民意に鈍感な政府の末路は過去の歴史が教えるところです。

「民信無なくんば立たず（論語）」

国民の信頼を回復する努力を怠っていると、中国政府は大きなしっぺ返しを食らってしまうのではないでしょうか。

西側諸国との関係を閉ざし始めた中国

米国との貿易摩擦など西側諸国との関係悪化が中国から外国資本を遠ざけています。外国企業の２０２３年の対中投資は１９９８年の統計開始以降初めてマイナスに転じました（前年比８％減）。

中国政府は外国投資を呼び戻そうと躍起になっていますが、小手先の手段で中国経済の病を快方に向かわせることはできないでしょう。

安全保障重視の政策も災いしています。

外国企業は「中国リスク」を抑制するため、サプライチェーンの多角化を進めており、今後も世界のマネーが中国を回避する動きが強まる可能性が高いと思います。

最も悩ましいのは、中国経済の今後の見通しが暗いことです。国内総生産（GDP）の3割を占める不動産市場は改善する気配が見えてきません。

中国は「世界経済のお荷物」となる可能性が生じていますが、気になるのは中国政府が国際社会との関係を閉ざす動きに出ていることです。

その象徴的な事例が、習氏が国家主席就任以来、欠かさず出席してきた主要20か国・地域首脳会議（G20サミット）をドタキャンしたことです。

胡錦濤前国家主席から最も重視してきたG20の位置づけを引き下げた理由は明らかになっていませんが、2023年9月5日付日本経済新聞（電子版）は興味深い分析を行っています。

それによれば、2023年夏に開催された北戴河会議（中国共産党の前・現職指導者が一堂に会する秘密会議）で習氏は長老から「一般民衆の心が党から離れ、我々の統治が危うくなっている」と厳しく批判されました。これに対し、習氏は別の場で「鄧小平、江沢民、胡錦濤といった過去三代が残した問題がすべて自分にのしかかってきている。その処理のため、10年も頑張ってきたが、問題は片付かない。私のせいだけだというのか」と周囲に怒りを爆発させたそうです。

これが事実だとすれば、習氏は近い将来、改革開放路線を転換させるのではないでしょうか。習氏が直面する諸問題は改革開放によってもたらされた負の遺産だからです。

その予兆は出てきています。

日本経済新聞は２０２３年9月3日、「『中国式鎖国』への備え」と題する論説記事を掲載しました。中国共産党は「習思想を徹底教育するテーマ教育」を大々的に展開しており、中国の人々は他国とは全く違う世界観の中に封じ込められつつあります。これにより、国際社会との対話に必要な最低限のコンセンサスが断たれ、外に開いたように見えるが内実は閉じた形の「中国式鎖国」の状態になりつつあるという見立てです。

習氏が尊敬する毛沢東が主導した文化大革命時代の中国は海外との交流がほとんどありませんでした。習氏は「文革２・０」を既に開始しているのかもしれません。

中国の統治制度

中国社会は「政治がすべてに優先する」という特徴を有しています。

このため、中国の今後を占う上で現在の統治制度を理解することが不可欠です。

「中国の統治制度は地方分権的全体主義だ」（２０２３年1月27日付日本経済新聞）

このように主張するのは米スタンフォード大学の許成鋼研究員です。

中国共産党は１９５０年代初期、政治・経済を含むあらゆる分野の支配権を中央に集中させる全体主義の制度を当時のソ連から導入しましたが、その直後に「郡県制」という伝統的な手法を加味して独自の統治制度を完成させました。

この制度は個人崇拝などで最高指導者の絶対的権威を確立する一方、行政の立案・運営の権限のほとんどを最高指導者が任命する地方の指導者に与えるというものです。

地方の指導者はこの制度の下で最高指導者の意向に沿った取り組みを競い、その実現に邁進しました。

その最高の成功事例は改革開放でした。地方政府間の激しい競争が民間セクターの発展を可能にし、政治改革を伴わずに中国経済は長年にわたって高度成長してきました。

しかし、こうした競争は環境破壊や所得格差の拡大、不動産バブルといった諸問題を引き起こし、今や負の側面のほうが大きくなっています。

この統治制度の欠点は、最高指導者と地方の間の意思疎通が迅速かつ正確に行われず、カリスマ化した最高指導者に対するチェック機能が働かないことです。広大な国土と世界最大級の人口を擁する中国では「鶴の声」が往々にして極端な結果を招きました。大躍進や文化大革命の悲劇はあまりに有名ですが、3年にわたり中国経済の足かせとなったゼロコロナ政策もその1つだと言えるでしょう。

半世紀以上続いてきた地方分権的全体主義が限界に達しているにもかかわらず、習氏はさらに事態を悪化させる方向に舵を切っています。

「ソ連化」に逆戻りする中国

経済が不調になれば、人々の関心が日々の生活に集まるのは世の常です。

習近平国家主席は2021年8月、「貧富の格差を是正しすべての人が豊かになる『共同富裕』を目指すと明言し、「高すぎる所得の調整」や「高所得層や企業に対して社会への還元を促す」方針を打ち出しました。

共同富裕を最初にスローガンに掲げたのは毛沢東でした。共同富裕の特徴は、税や社会保険料などの通常の手段ではなく、政治的手段を使って富の再配分を図るところにあります。合法的な収入であっても政府が「不合理」だと認定すれば「収奪」の対象になると懸念されています。

しかし、共同富裕の掛け声もむなしく、中国の所得格差は拡大するばかりです。特に、都市部の2022年の所得格差は、統計が確認できる1985年以降で最大になってしまいました。

経済対策に行き詰まった中国政府は、思想や行動に対する「引き締め」の強化に走っている感が否めません。

国家の安全を重視する中国政府は2023年7月、スパイ行為を取り締まる改正「反スパイ防止法」を施行しました。

中国政治を長年研究してきたティー・クオ・ブルネイ大学ビジネススクール上級講師らは「習氏はソ連型の全体主義を復活させようとしており、支配を正当化するための経済発展すら放棄しつつある」と警鐘を鳴らしています（２０２３年2月16日付ニューズウィーク日本版）。

呉軍華・日本総合研究所理事も「中国で今後『ソ連化』が進む可能性が高い」と指摘しています（２０２３年9月22日付日本経済新聞）。

呉氏によれば、中国の改革開放政策の源流は「新経済政策（ＮＥＰ）」に遡ります。ソ連建国の祖、レーニンは１９２１年、経済危機から脱するために便宜的に資本主義的手法を取り入れた改革を進めました。これがＮＥＰですが、政治や文化面ではあくまで共産党政権の維持が最重要課題だとされていました。

中国版ＮＥＰとも言うべき改革開放は本家と比べられないほどの大成功を収めましたが、中国政府はレーニンが掲げた原則を今でも堅持しているようです。

長年続いた高度成長が引き起こす深刻な副作用が吹き出している現在、政権を維持するためには中国共産党はレーニンの基本原則に立ち返るしか手段はないとしたら、中国政府がソ連化（先祖返り）する可能性は高いと思います。

中国が「ソ連化」に逆戻りしたらどうなるのでしょうか。

ソ連経済は1960年代まで好調でしたが、軍事を含む投資部門に政府が資源を優先配分したことにより、1970年代から、生産活動の効率性を測る指標である全要素生産性（TPP）が頭打ちになってしまいました。1980年代に入ると、TPPの伸びはマイナスに転じ、ソ連は1991年に崩壊しました。

中国のTPPも2007年以降、投資活動の過剰が災いしてマイナスに転じたままです。

ソ連化が進めば、この状態はますますひどくなることは間違いないでしょう。

共産党内における習氏の基盤は盤石に見えますが、「寝そべり幹部が増殖している」との指摘があります（2023年2月8日付ニュースソクラ）。

中国政府の各部門の幹部たちは1960年代生まれがほとんどで、毛沢東時代の個人崇拝を毛嫌いしています。このため、毛氏のやり方を踏襲しようとしている習氏に対し、幹部の多くは面従腹背に徹し、実質的には何もしない「寝そべり」状態になっているそうです。

経済不況に対するスケープゴート探しもさかんになっている中、「役人たちは保身のために罪のなすりつけ合いを始めている」との声も聞こえてきます（2023年10月3日付ニューズウィーク日本版)。

不動産バブルに関する汚職の追及もこのところ強まっており、この状況が続けば、保身のための「寝そべり」化はさらに進むと思います。

中国共産党の手本だったソ連共産党はテクノクラートの集団サボタージュが崩壊したとの指摘があります。当時のゴルバチョフ大統領の政策（ペレストロイカなど）が彼らのやる気を削ぎ、その結果、システム全体が機能しなくなってしまいました。

「生き残りのための最後の手段」が、皮肉なことに中国共産党の寿命を縮める結果を招いてしまうのではないでしょうか。

中国は再び動乱の時代になるのか

政府に失望した富裕層はシンガポールへの移住を加速させています。

共産党に盾を突かない限り、富を増やし続けられることができた富裕層は、習氏の経済活動への締め付けや「共同富裕」の動きに辟易としているからです。

海外脱出の流れは富裕層や高学歴のエリート層にとどまりません。

２０２３年11月25日付ニューヨーク・タイムズは「米国の２０２３会計年度（２０２２年10月～２０２３年９月）に密入国しようとして逮捕された中国人は２万４０００人以上となり、それまでの10年間の合計（約１万５０００人）をはるかに上回った」と報じました。米国に移民を試みる中国人の多くは中産階級に属し、ゼロコロナ政策をはじめとする習近平政権の悪政に大きな不満を抱いているようです。

日本や欧州への中国からの移民の動きもさかんになっていますが、発展途上国への移民も例外ではなくなっています。

香港ニュースポータル「香港０１」は２０２３年10月「不景気のせいで中国の若者のアフリカへの出稼ぎがトレンドになっている」と報じました。

清朝末期、祖国を見限った多くの民が世界各地に移住したことが思い起こされます。

悲しい歴史が繰り返されることになってしまうのでしょうか。

中国政府に対する不満から、労働争議が近年になく高まりを見せています。

日本は長年にわたってデフレに苦しみましたが、賃金が上がらなくても労働意欲の目立った低下はなく、幸いなことに、社会に深刻な混乱が起きることはありませんでした。

日本には「デフレ耐性」がありましたが、中国にこのような耐性があるとは思えません。

中国では「社会的地位の低い」男性が不特定多数の人を標的にする襲撃事件（社会報復事件）の増加に歯止めがかからないことも気がかりです。

中国政府は「我が国の犯罪率は世界最低水準だ」と豪語していますが、刑事裁判で審理された人数は2001年の約74万人から2021年には170万人超に急増したという「不都合な真実」があります。

中国政府は近年、国防費を上回る予算を社会秩序維持のために投じていますが、犯罪者の増加に歯止めがかかりません。刑務所も過密化し、再犯を防ぐ更生の役割を果たせなくなっています（2023年9月30日付共同通信）。

「豊かな生活を提供する代わりに一党支配体制をとる」とする中国共産党の国民との間の社会契約が失効しつつあります。盤石に見える中国の政治体制ですが、若者の不満が突破口となって大変革が起きてしまうのかもしれません。

中国では過去100年間に2度の学生運動がありました。

1919年の五四運動（抗日、反帝国主義を掲げる学生運動）と1989年の天安門事件ですが、政府はいずれも強権的な手段で抑え込みました。

現在の中国政府も世界最先端の監視技術を駆使して若者の不満に対処するでしょうが、若者には2022年末にゼロコロナ政策を廃止に追い込んだ「白紙運動」という成功体験があります。学生らが白い紙などを持って集まったことからこのような名称が付きましたが、中国政府が1か月後に学生らが求めたゼロコロナ政策を突如解除するという異例の展開となりました。

「高等教育を受けた人々の割合の上昇がソ連崩壊につながった」と指摘するエマニュエル・トッド氏は、この比率が当時のソ連と同じ水準になりつつある中国でも同じような混乱が今後起きる可能性を示唆しています（2023年4月4日付東洋経済オンライン）。

トッド氏と同様に「欧州の知性」として知られるジャック・アタリ氏も「（共産党の権威が失墜する可能性が高い中国では）今後1990年代のロシアのように政治的混乱が生じ、似た道をたどるだろう。中国は数多くの内戦を経験しただけに大混乱に陥る可能性が高い」と警戒しています（2023年3月30日付日本経済新聞）。

中国社会は近い将来、大混乱に陥ってしまうのではないでしょうか。

衰退期入りした中国が高めるアジアの地政学リスク

日の出の勢いで躍進してきた中国経済は「今は昔」です。

２０２３年11月19日付英フィナンシャル・タイムズは「世界経済における中国のシェアは名目ドルベースでこの２年で１・４％減少した。１９６０年代以降で最大の減少幅だ。経済大国・中国の台頭が逆回転しつつある」と報じました。

中国の国力に陰りが見えていることは明白ですが、このことは日本をはじめ国際社会にとってどのような影響を与えるのでしょうか。

習氏は最近「包括的国家安全保障」という概念を強調し、経済活動全般にわたって他国、特に米国の脅威から自国を守る姿勢を鮮明にしています。

注目すべきは、習氏が「極限思惟」という用語を使い始めていることです。

習氏は２０２３年５月の党中央国家安全委員会で幹部に対し、極限的な状況を想定した思考を意味する「極限思惟」を振りかざし、「強風と波浪、ひいては暴風と荒波による厳しい試練に耐える」ことを強く求めたと言われています。

極限思惟の意味するところは、戦争に備えることにとどまりません。より有利な環境を整えるためにあえて極限的な状況を作り出すことさえ想定しています。

そのせいでしょうか、中国は米国との軍事対話再開を拒否するばかりか、米軍機とのニアミスや米軍艦への異常接近などの危険な挑発行為を繰り返しています。

2021年9月24日付米外交専門誌フォリーン・ポリシーは「衰退する中国、それが問題だ」と題する論文を掲載しました。執筆したのはジョンズ・ホプキンズ大学のハル・ブランズ特別教授とタフツ大学のマイケル・ベックリー准教授です。

ハーバード大学の政治学者グレアム・アリソン氏が「トゥキディデスの罠」を指摘して以来、米中関係はしばしば、紀元前5世紀のギリシャの覇権国スパルタと新興大国アテネの間で繰り広げられたペロポネソス戦争にたとえられてきました。

古代ギリシャの歴史家であるトゥキディデスは「アテネの力が徐々に強大となったことに驚いたスパルタが戦争に踏み切った」ことを戦争の原因としましたが、ブランズ氏らは「国力で劣勢に立たされ始めたアテネが勝利の機会を失う前に開戦に踏み切ったことが戦争の本当の原因だ」と指摘しています。

新興大国はパワーが拡張し続ける間はできる限り目立たずに行動し、覇権国との対決を

遅らせるが、これ以上の発展を期待できなくなると「挑戦の窓」が閉ざされる前に果敢に行動し始めるというわけです。

現在の中国は当時のアテネと同じだとするブランズ氏らは2年前に「中国は今後10年間、より大胆かつ軽率に行動する」と警告を発していたが、その「予言」が現実になりつつあるように思えてなりません。

米国は再三の呼びかけにより、中国は２０２３年12月末になって軍事対話を再開しましたが、その対応は「暖簾に腕押し」の感が否めません。

気になるのは、台湾を統一するために中国が武力を行使するリスクの高まりです。**中国はフィリピンが実効支配する南シナ海の２つの島に対する軍事的圧力を強めていますが、背景には台湾問題があると言われています。**

地理的に台湾に近く、米国との軍事協力を強化しているフィリピンの存在が、中国が武力で台湾を統一する際、大きな障害になりかねないからです。

南シナ海は国際的な海上物流網において重要な役割を果たしており、両国間の緊張状態がエスカレートすれば、日本経済も深刻なダメージを受けることになるでしょう。

日本も中国の攻撃対象に入っている可能性があります。

中国軍の現役中将が2023年12月「台湾への武力侵攻時に尖閣諸島も作戦対象となる可能性がある」との異例の発言を行いました。「台湾有事は日本有事」なのです。

中国の台湾侵攻リスクは「ブラックスワン」か

米軍幹部は「経済よりも安全保障を優先する傾向を強める中国が2025年までに台湾侵攻を行う可能性が高い」と警戒しています。

バイデン米大統領は2023年8月「（経済危機は）中国の指導者が他の地域を脅かす誘因となりうる」と述べましたが、米国の主要メディアも同様の見解です。

2023年8月18日付ワシントン・ポストは「**経済危機の発生で権威主義的統治が正当化できなくなった習近平国家主席は『民族カード』への依存を強めざるを得ない。国内問題に直面した独裁者はしばしば海外の危機を利用して求心力を高める傾向が強いことから、中国の台湾侵攻リスクは高くなる**」と報じました。

2023年8月20日付ウォール・ストリート・ジャーナルも「経済危機に陥った中国が台湾を侵攻する可能性が高い」と報じました。

しかし、中国の台湾侵攻は安全保障上の問題だけにとどまらないのかもしれません。米ホワイトハウスのサリバン大統領補佐官（国家安全保障担当）は２０２３年9月「（中国が台湾侵攻に踏み切れば）世界恐慌レベルの影響が出る可能性がある」と警告しました。英国のクレバリー外相も翌10月「貿易の額が大きい台湾海峡での紛争は中国経済を崩壊させるばかりか、世界経済に大きな打撃を与える」と同様の見解を示しました。

中国の不動産危機が他国に悪影響をもたらすリスクが指摘され始めていますが、米国の政策当局者は「中国経済の減速の自国への影響は軽微だ」と見ています。

ウォール街も「中国の不動産危機はリーマンショックのような金融危機を引き起こすことはない」と見込んでいます。その理由は「米国のサブプライムローン問題を金融危機にまでこじらせた金融レバレッジや広範なデリバティブが中国ではあまり普及していないため、不動産市場の不調が金融インフラを麻痺させることはない。さらに、中国の金融システムは米国のように世界に影響を与えるほどの支配力はない」というものです。

「中国発のリーマンショックの再来はない」とのことですが、グローバル化が進展した現在、各国経済が相互に密接につながっていることには注意が必要です。国内や地域問題とみなされていた事案が想像もつかなかった形で世界全体を巻き込む大問題になってしまうリスクがあるからです。

「中国の台湾侵攻」が世界経済にとって「ブラックスワン（事前に予想できず、起こったときの衝撃が極めて大きい事象）」にならないことを祈るばかりです。

インドとの紛争リスク

中国の軍事的脅威は海洋だけではありません。陸地での対立も悩みの種です。

中国の陸の国境は総延長2万2800キロメートルに達し、国境を接する国の数だけでも14に上ります。中でも対立を深めているのはインドです。

中国と国境問題を抱えるインドは米国との軍事協力を進めています。

中国軍は2020年にインドの国境係争地域であるインド北部のラダック地方でインド軍と衝突し、45年ぶりに死者が出る事態となりました。

その後、2021年、2022年と小規模な衝突が生じ、軍の撤退に向けた協議を重ねていますが、緊張状態が続いています。

中国とインドの国境は全長3000キロに及びます。実効支配線が設定されていますが、双方が合意していないため、互いに「相手が境界を越えて領土を拡大している」との非難を繰り返しています。

かつて中国とインドは蜜月関係にありました。

冷戦下の１９５５年、アジア・アフリカの29か国・地域の代表がインドネシアのバンドンに集いました（バンドン会議）。その際、主導的な役割を演じたのは、中国の周恩来、インドのネール首相でした。

しかし、転機が訪れたのは１９６２年でした。

中国がインドとの信頼関係を裏切り、緩衝国だったチベットを併合した上、インド領に侵攻したことで、両国の間で大規模な軍事紛争が起きてしまったからです。

米国政府は中国との正面衝突を避ける一方、「中国を牽制するカード」として位置づけるインドへの支援強化に積極的です。

米国とインドは２０２３年11月、ニューデリーで外務・防衛担当閣僚会議（２プラス２）を開催し、米国の装甲車ストライカーのインドでの生産に合意しました。ストライカーが米国以外で生産されるのは初めてです。米国側は「（中印の）係争地のような地域でインドにとって強力な戦力となる」と説明しています。

中国とインドの間を巡る対立が周辺諸国を巻き込むリスクも生じています。

私が懸念しているのはミャンマー情勢です。

ミャンマーでは2023年10月、北東部シャン州などで3つの少数民族武装勢力が一斉に蜂起し、多くの町や軍の拠点を奪取しました。

国軍は反撃を宣言したものの、国内の民主派勢力が武装勢力を支援しており、劣勢に立たされています。戦力の低下と兵士の間で広まる閉塞感で軍事政権は2021年2月のクーデター以来、最大の危機に直面しているとの観測も出ています。

ミャンマー情勢は中印両国にとって「対岸の火事」ではありません。

中国と国境を接するミャンマー北東部には中国人も多く住んでおり、既に数百人が安全を求めて中国側に逃げ込んだとの情報があります。

中国政府はこの地域に18億ドル規模の資金を投じて「中国・ミャンマー経済回廊」を整備しており、戦略上の最重要拠点の一つです。

情勢がさらに悪化すれば、中国がミャンマーに軍事介入する可能性も排除できなくなっています。

11月中旬になると、インドと国境を接するチン州でも戦闘が発生し、ミャンマーから約

5000人の難民がインドのミゾラム州に渡ったとされています。

対立を深める中印両国がミャンマーに介入するような事態になれば、南アジアの地政学リスクは一気に高まってしまうことでしょう。

中国とインドはインド洋でもつばぜり合いを演じています。

中国海軍が2009年以来、インド洋で活動しているからです。

当初の目的は海賊対策でした。インド洋北西部にあるジブチやソマリアの沖合で身代金目的の海賊行為が横行していたため、中国も国際社会の取り組みに参加しました。

中国は2017年、海軍の補給支援を行う目的でジブチに人民解放軍初の海外基地を建設し、その後もインド洋での港湾拠点を次々と築き（真珠の首飾り）、インド軍を包囲する体制を整えました。

インド沿岸近くでは、中国の潜水艦や調査船の活動がさかんになっていることから、インドも対抗措置に乗り出しています。

インド軍はアンダマン・ニコバル諸島に関し基地の建設を進めています。

同諸島は、東アジアと中東・欧州を結ぶシーレーンのチョークポイント（戦略的に重要な海上水路）の1つであり、ここを押さえることがインドの対中国戦略にとって重要な戦略になりつつあります。

中国もインドに対抗する行動を取り始めており、中国とインドの間で一朝事があれば、日本にとって「生命線」である中東からのシーレーンの確保が危うくなってしまいます。西太平洋と異なり、インド洋での米海軍のプレゼンスは限定的です。

中国の軍事圧力が南シナ海からインド洋にまで及んでいるのです。

このように、中国も米国と同様、「内憂外患」の状況にあり、国際社会にとって大きな不安定要因です。

この悪影響が最も深刻な形で表れるのは中東地域なのかもしれません。

日本は原油輸入の9割以上を中東地域に依存していますが、この状態をいつまでも続けていて大丈夫なのでしょうか。

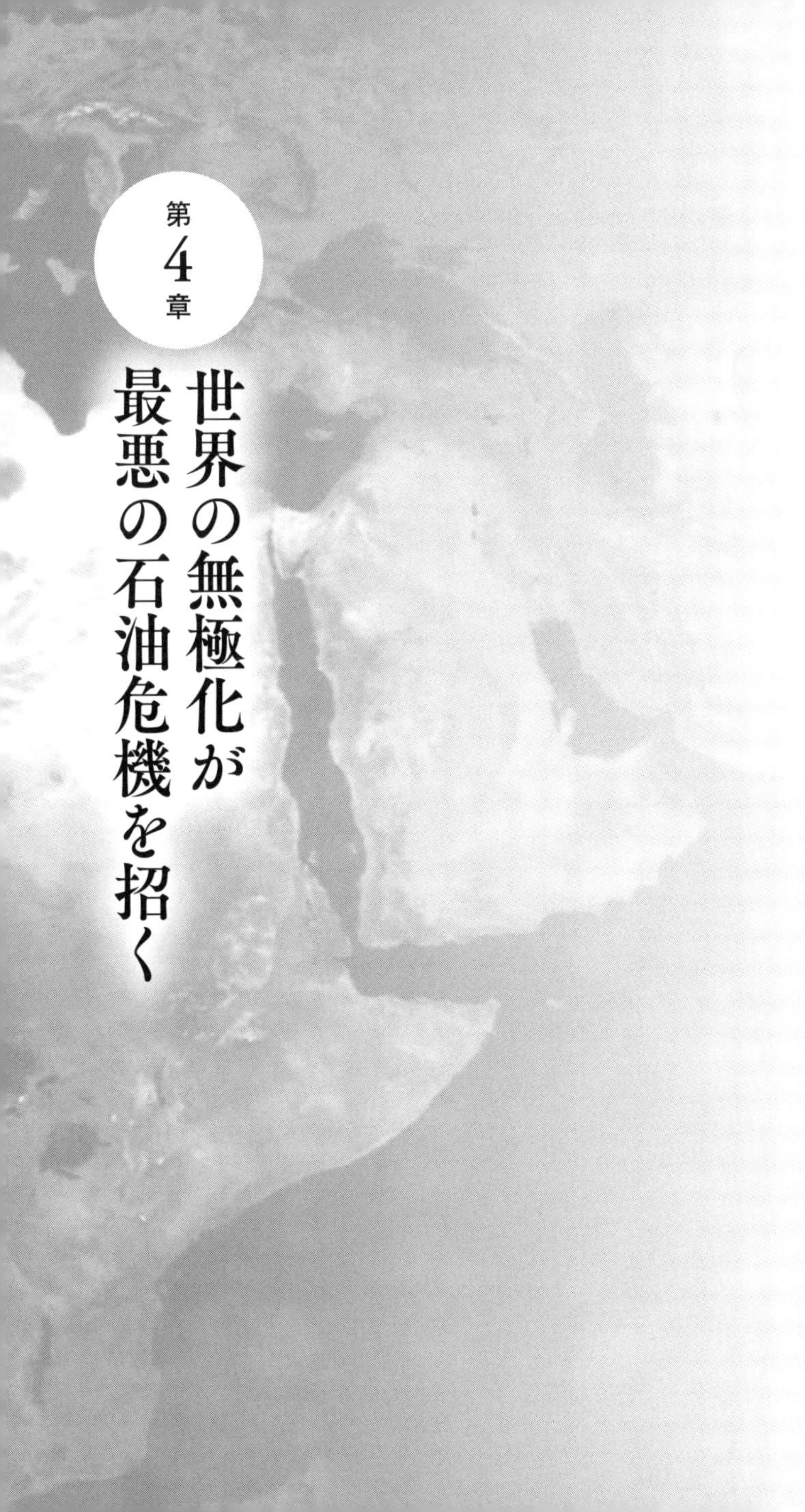

第4章 世界の無極化が最悪の石油危機を招く

ウクライナ危機で一気に緊迫化した中東情勢

パレスチナ自治区ガザを実効支配するイスラム組織ハマスが2023年10月7日、イスラエルへの大規模攻撃を開始しました。これに対し、イスラエル軍は猛反撃を行い、ガザ地区を中心に多くの犠牲者が出ています。

ハマスの攻撃開始日の前日（10月6日）は、50年前、第1次石油危機を招いた第4次中東戦争が開始された日に当たります。

第4次中東戦争の開始日はユダヤ教にとって最も神聖な日「ヨム・キプール（贖罪《しょくざい》の日）」でしたが、ハマスの奇襲攻撃開始日もヨム・キプールでした。

分断や対立が当たり前だった中東地域で近年、奇妙な安定が続いていました。

2020年に米国の仲介でイスラエルとUAEは国交を正常化し、2023年3月には中国の仲介でサウジアラビアとイランが関係正常化に合意しました。

最後の仕上げがサウジアラビアとイスラエルの正常化でしたが、その矢先に中東地域で激しい暴力が吹き荒れる事態となりました。

米軍は紛争開始直後から、イスラエル防衛のために中東地域に空母や駆逐艦を派遣するなどの軍事行動に出ていますが、中東地域の安定化に寄与しているとは思えません。

２０２４年の大統領選で再選を目指すバイデン氏にとって、中東情勢への対応を誤れば、政治的打撃になる可能性が高まっています。

バイデン政権は当初、イスラム組織ハマスの攻撃を受けたイスラエルに対して「全面支持」の姿勢を打ち出したが、その後、若年層を中心にパレスチナへの同情が広がり、イスラエル寄りの方針を転換せざるを得なくなっているからです。

第１章で述べたとおり、**米国主導の国際秩序が崩れ、国家から非国家勢力まで、既存のルールを無視し、勝手に自分たちのルールでゲームを展開する傾向が強まっています。**

「米国主導の国際秩序」とは、米国が設定したルールに基づく秩序によって成り立つ世界のことです。

ルールとは、そのルールを設定した者が、それに違反した者に懲罰を与え、ルールに従わせる強制力があって初めて成り立つものです。

米国は、第二次世界大戦以降、安全保障や金融、貿易のルールを整備して、国際秩序の形成に努めてきました。

冷戦時代はソ連が別の秩序を形成していましたが、冷戦終了後は米国が構築した西側の秩序が旧ソ連圏をはじめ世界の隅々にまで及びました。その後、米国はイラクのフセイン政権を軍事力で潰すなど、時には荒っぽい力技を使いながらも、自らが築き上げてきた秩序を維持してきました。

しかし、2022年2月に転機が訪れました。ロシアはウクライナへの軍事侵攻に踏み切り、戦争は2年を経過しました。

米国が主導してきたルールに堂々と違反したロシアに対して、米国をはじめ西側諸国が制裁措置を講じたものの、多くの国々は不参加だったことが災いして、ロシアに致命的な打撃を与えることができていません。

米国主導の国際秩序が綻びを見せている何よりの証拠です。

米国のかつての威光は見る影もありません。「貧すれば鈍する」ではありませんが、米国の敵対国との意思疎通も史上最低レベルに落ち込んでいる感があります。

ウクライナ危機で米国の面目が丸つぶれになっている最中の2023年10月に中東情勢が一気に緊迫してしまったのです。

中東地域から始まった米国外交の落日

中東地域で「米国抜き」の秩序再編の動きが進行していました。背景には中東地域が世界に先駆けて米国抜きの国際秩序のモデルを構築しようとする意欲が強かったことがあると私は考えています。

米国は長年にわたって中東地域で制裁を科したり、爆弾を落とすばかりで、同地域の経済開発に対する切実なニーズに十分な注意を払ってきませんでした。

米国はイラクやアフガニスタンでの長期間に及ぶ戦争に一方的に終止符を打ち、中国が突きつける難題への対応に軸足を移しました。**中東地域は分裂し混乱したまま、支援を必要とする状態のままで放り出されてしまったのです。このことに中東地域の人々は憤慨しており、多くの国々が我が道を歩み始めています。**

サウジアラビアのようにかつては米国と緊密な関係にあった中東の国々でもこの傾向が強まっています。

中東地域からは、「パックス・アメリカーナ、つまり米国の世紀が約30年ほどで終わりを告げただけでなく、西側諸国が世界を支配した150年が終わった」との声も聞こえてきます。

米国のシンクタンクがロシアのウクライナ侵攻直後の2022年4月末に発表した中東諸国での世論調査で、中東、特にペルシャ湾岸のアラブ諸国で米国の影響力が低下し、逆にロシアが存在感を強めていることが明らかになっています。

調査を実施したのは、米国で親イスラエルとされるワシントン近東政策研究所です。サウジアラビア、カタール、UAE、バーレーン、クウェート、エジプト、ヨルダン、レバノンの8か国の18以上の男女が対象です。

ロシアのウクライナ侵攻についてはいずれの国も7割以上が否定的に捉えていましたが、「ロシアとの良好な関係を持つことはどれほど重要か」という問いについては、「非常に重要」と「ある程度、重要」を合わせると、サウジアラビア49%（2021年11月は45%）、UAE53%（同49%）、バーレーン50%（同46%）と「ロシアとの関係は重要」と回答しました。

さらに「どの国が外国の敵から守ってくれるか」という問いに対しては、サウジアラビアは「米国45%、ロシア34%」、UAEは「米国44%、ロシア33%」、バーレーンは「米国

42%、ロシア37%」といずれの国も米国で40%台、ロシアが30%台との結果が出ました。

湾岸地域における駐留米軍の数（2020年時点）は、バーレーン5000人、カタール1万人、サウジアラビア2500人、クウェート1万4500人、UAE5500人です。

1990年代から現在に続く湾岸地域での米国の軍事的関与を考えれば、自国の防衛に関して、米国への期待が4割台にとどまる一方、ロシアへの期待が3割を超えていることには驚かざるを得ません。

米国の中東地域に対する関心の低下

中国政府が正式に発表する文書にはしばしば「100年に1度の大変局」というフレーズが登場します。これはもともと習近平国家主席の言葉ですが、習氏の意図はともかくとして、「この用語は世界秩序が幅広く変容しつつある現状を表すものになりつつあるのではないか」と私は考えています。

この変容が目に見える形になっているのが、米国がこれまで多くのリソースをつぎ込んできた地域、中東です。

中東情勢は、ペルシャ湾岸周辺に埋蔵されている原油を巡る大国の対立に翻弄されてきた歴史がありますが、特に影響力を持っていたのが米国でした。

歴史を遡れば、1945年2月、旧ソ連の保養地ヤルタでの会談を終えた米国のルーズベルト大統領（当時）は、スエズ運河に米国艦船で立ち寄り、船上でサウジアラビアのアブドラアジズ国王（当時）と初めて会見しました。

アブドラアジズ国王は王国の領土を保全するために米国を後ろ盾にしようとしました。第二次世界大戦によって旧ソ連が中東地域でのプレゼンスを拡大したため、神を信じない共産主義者の影響力が強まることに強い恐怖を感じていたからです。

さらに、周辺の国々もけっしてサウジアラビアの友好国ではなかったことから、軍事力の増強は急務でした。

米国にとってサウジアラビアへの関心は原油でした。

1938年、米国企業が初めてサウジアラビアで油田を発見しました。その後、瞬く間にサウジアラビアは原油生産を拡大させ、米国経済が戦後も順調に成長するために不可欠

な原油の供給源になっていました。ここに、「原油と安全保障」という両国の特殊な関係が築かれたのですが、やがて、中東の産油国は原油を「武器」に使うようになりました。

米国はサウジアラビアをはじめとする中東産油国における利権を剥奪されましたが、エネルギー資源の対外依存度が高まる傾向にあった米国は、中東地域の安全が自国のエネルギー政策に資するとして、同地域の「庇護者」として振る舞ってきました。

米国はこれまで中東地域に軍事的にコミットしてきましたが、その主たる理由は、国内要因に基づき国際石油市場の正常な機能を維持するためでした。

公共交通機関が発達していない米国では「自動車抜き」では生活できません。

米国の原油消費の約７割が輸送部門で使われています（日本では輸送目的と産業の原油消費がそれぞれ４割のシェアを占めます）。

生活必需品としてほとんど税金がかかっていないため、米国のガソリン価格は日本や欧州と比べて半値以下です。しかし、原油価格の上昇でガソリン価格が高騰すれば、米国民の家計を圧迫し、政治への不満は高まります。

米国の政治家にとって、国民の必需品であるガソリン価格の安定は「票」に密接に関連する重大関心事です。

1970年代以降、シェール革命以前まで、大量の原油を輸入していた米国は、国内政治の要請から中東地域での軍事的コミットメントは不可欠とされてきました。

原油市場はグローバルなので、中東で紛争が起きれば米国のガソリン価格が上昇する構図は変わっていませんが、米国では近年「世界の原油市場の混乱が米国経済に与える影響は軽微になってきているのではないか」との見方が広がっています。

米国のエネルギーモンロー主義

シェール革命により、2000年代終わり頃から米国の原油生産量は急増しました。

原油増産の立役者はシェールオイルです。シェールオイルは珪藻土《けいそうど》が地下で変性して岩石化したシェールと呼ばれる頁岩《けつがん》に含まれる原油のことです。

フラクチャリング（水圧破砕、高い水圧をかけて割れ目をつくり、油を取り出す）という技術によって2006年頃から米国で開発が始まりました。

米国における最大の産油地域はパーミアン盆地です。テキサス州からニューメキシコ州にまたがる地域に存在します。

米国は２０１７年から世界最大の原油生産国になりました。

新型コロナのパンデミックで原油生産量が一時、大きく減少しましたが、直近の生産量は日量１３００万バレルを超えています。減産をしているせいで、サウジアラビアの生産量は日量９００万バレル、ロシアは約１０００万バレルです。

米国は原油の大輸出国にもなっています。日量約５００万バレルの原油を輸出しており、サウジアラビアとロシアに匹敵する規模を誇ります。

一方、米国は日量約６００万バレルの原油を輸入しています。シェールオイルなど硫黄分が少なく環境的にも優れた特徴を持つ油（スウィート原油）は余剰である一方、硫黄分などの不純物が多い油（サワー原油）が不足しているからです。

サワー原油はこれまで中東地域から輸入されてきましたが、近年、カナダやメキシコから輸入が増加しています。

米国エネルギー情報庁（ＥＩＡ）によれば、米国の原油輸入先の第1位はカナダ、第２位はメキシコです。サウジアラビアからの原油輸入量は近年、急減しています。

原油輸入の依存度が低下していることから、米国における中東地域に対する関心が低下していると言っても過言ではありません。

「『米国は世界の警察官ではない』との考えに同意する」

オバマ元大統領がこう述べたのは、シリア問題に関する2013年9月のテレビ演説でした。「米国がそれまで約70年間担ってきた『世界の安全保障』に対する責任を放棄する」と国際社会は受け止めました。

その動きを加速させたのは「アメリカ・ファースト」を掲げたトランプ前大統領でした。バイデン政権になってもこの流れは変わっていないと思います。

米国のリアリストたちも「米国は『世界の警察官』の力を失いつつある。軍事介入を減らしていくべきだ」と主張し始めています。

中東地域では1995年以降、米国海軍の第5艦隊が活動していますが、近い将来、米国の大統領が「中東の問題は私には関係ないことだ」と言う日が来るかもしれません。

米国の代表的な地政学者であるジョージ・フリードマン氏はかつて次のような物騒な予言をしていました。

「米国が目指したのは、勝利ではなかった。米国が目指したのは、ただイスラム世界を混乱に陥れ、互いに反目させて、イスラム帝国の樹立を阻止することだった。建前はともかくとして、ユーラシアの平和は最優先事項ではない。米国は戦争に勝つことにも興味がない。いずれ米国は完全な敗北さえ受け入れるだろう」

前述のブレマー氏も「国際社会は手に負えない危機に直面し、その中で新秩序が生まれる。そのきっかけは中東やアジア地域の紛争かもしれない」とした上で「インド洋では今後、中国がシーレーンを守るようになる」との見方を示していました。

このような無責任とも思える発言が出てくる背景には、中東地域の安定が国是ではなくなりつつある米国の事情があります。

シェール革命によって米国は中東地域の安定のために重要な役割を果たすという政治的な動機が大きく減っているからです。

中東地域で大混乱が生じたとしても、米国のコミットメントはこれまでとは比較にならないほど弱いものになるのは確実であり、そのせいで中東地域は「世界の火薬庫」になってしまうのかもしれません。

私は10年ほど前から「米国でエネルギーモンロー主義（米国の脱中東政策）が台頭するのではないか」と考えてきましたが、これが現実になれば日本にとって一大事です。

イスラエルとアラブ諸国の国交樹立

現在の中東問題の始まりが、第二次世界大戦後の1948年のイスラエル建国にあることは言うまでもありません。

ユダヤ人とアラブ人の激しい対立が中東戦争へと発展し、1973年まで4回発生しました。特に1973年の第4次中東戦争が第1次石油危機を引き起こしました。

米国は1970年代以降、中東地域の同盟国であるイスラエルへの軍事援助を大幅に強化するとともに、周辺諸国との国交樹立に努めました。

イスラエルは1979年にエジプト、1994年にヨルダンとそれぞれ国交を樹立しましたが、その後、この動きは停滞していました。

イスラエルとアラブ諸国の関係改善が再び進むようになったのはトランプ政権になってからでした。

国内問題の解決に注力したいと考えていたトランプ氏は、米国抜きの中東地域の安定化を図りたかったからです。そのためには、イスラエルと湾岸地域のアラブ諸国との国交樹立が不可欠でした。

２０２０年8月、ＵＡＥとバーレーンは米国の仲介によりイスラエルと国交を樹立しました（アブラハム合意）。

米国はさらにイスラエルとサウジアラビアとの国交正常化を後押ししました。サウジアラビアは２０２３年9月末まで、パレスチナ問題を棚上げにしてイスラエルとの国交正常化を図ろうとしていたようです。

経済の多角化を目指すサウジアラビアのムハンマド皇太子にとって、先端技術と大量のマネーを保有するイスラエルとの関係強化は望ましい選択肢です。

２０２３年9月には「米国が安全保障の確約と民生用核開発の支援を約束することでサウジアラビアはイスラエルと国交を樹立する」との報道が流れましたが、この動きをなんとしてでも阻止したかったのがパレスチナでした。

１３８の国連加盟国がパレスチナを国家として承認しています（日本政府は認めていません）が、サウジアラビアとイスラエルの国交が樹立されれば、パレスチナの完全なる独立国家への道が絶たれてしまうと恐れていました。

10月7日の奇襲攻撃は「米国抜きの中東の国際秩序を求めるアラブ諸国が一斉にイスラ

エルとの国交正常化に舵を切れば、パレスチナ問題は忘れ去れてしまう」と危機感を抱いたハマスの「乾坤一擲」の一撃でした。

ハマスによるイスラエルへのテロは重大な犯罪であることは明らかですが、その後のイスラエルによるガザ封鎖や空爆、住民の強制移住なども重大な戦争犯罪にあたることは疑問の余地はありません。

しかし、イスラエルの軍事行動の停止を求める国際社会の要求を拒否することで、米国も国際法や国際秩序を逸脱する状況になっています。

ロシアの侵略からウクライナを守るために国際規範と戦争法を重視すると宣言した米国が、ガザで同じ規範を無視するイスラエルを擁護する「ダブルスタンダード」を正当化するのは困難です。

サウジアラビアとイランの対立

中東地域の火種はまだあります。

イスラム教はスンナ派とシーア派に大別されますが、スンナ派の大国サウジアラビアとシーア派の大国イランがこのところ対立を深めていました。

632年、イスラム教を創設したムハンマドが死去しますが、彼は後継者を指名していませんでした。このため、イスラムの共同体では「次の指導者は誰にすべきか」で意見が対立して分派が生じます。

「血縁に関係なく、指導者にふさわしい能力の高い人にしよう」と考えた人たちは「ムハンマドの言行（スンナ）を重視する」ことから、スンナ派と呼ばれるようになりました。

一方、「ムハンマドの子孫がふさわしい」と考えた人たちはムハンマドの娘婿であるアリーとその子孫を正当な指導者と考えたことから、「アリーの党派」を意味する「シーア・アリー」からシーア派と呼ばれています。

シーア派の信者はイラン、イエメン、バーレーン、アゼルバイジャンに多く、特にシーア派の指導者のうち、約3分の1がイランにいると言われています。

サウジアラビアでは預言者であるムハンマドの時代を手本に「より良い社会を創っていこう」と考える人たちが登場しました。いわゆるイスラム原理主義の考えですが、これを最初に説いたのが、18世紀の宗教家、ムハンマド・イブン・アブドゥル・ワッハーブでした。このため、サウジアラビアのイスラム宗派は「ワッハーブ派」と言われます。

サウジアラビアはメッカとメディナという2つの聖地を擁していることから、スンナ派の盟主を自認しています。

この両大国は2011年に始まったシリア内戦を巡って対立を激化させました。イランがアサド政権を支援するのに対し、サウジアラビアは反政府勢力を支援しました。いわゆる「代理戦争」です。

両国の代理戦争は2015年に勃発したイエメン内戦でも展開されました。サウジアラビアがスンナ派の暫定政権を支援したのに対し、イランはシーア派に属する反政府武装組織フーシ派を支援しました。

そして2016年、両大国の間に直接的な亀裂が生じます。

同1月3日、サウジアラビアがイランとの国交を一方的に断絶したからです。

前日（同年1月2日）、サウジアラビアにおいてイスラム教・シーア派の高位聖職者ニムル師の死刑が執行されました。これを受けて、イラン国内で反サウジアラビアのデモが勃発し、在イラン・サウジアラビア大使館を襲撃する事件が発生したため、両国の国交断絶へと進展したのです。

彼が処刑されたのは、2011年にサウジアラビア東部で発生した反政府デモを主導したとされたからです。サウジアラビア政府は彼を「治安を乱す扇動者」とみなし、国内の治安維持を目的に見せしめを行ったのです。

この断交を決断したのは、サルマン国王（初代国王の25番目の息子）の息子のムハンマド・ビン・サルマン皇太子だったと言われています。

中国の仲介

2023年3月、7年にわたり断行していたサウジアラビアとイランは中国の仲介で外交関係を再び正常化させることに合意しました。

これまで中東地域で大きな影響力を及ぼしてきた米国に代わって、中国のイニシアティブでサウジアラビアとイランの両国間の和解が成立したことに国際社会は驚きました。

中国の習近平国家主席は2022年12月、サウジアラビアを訪問しました。

中国は世界最大のエネルギー消費国であり、中国の原油需要の多くを満たしているのが世界最大の原油輸出国であるサウジアラビアで、サウジアラビアにとっても輸出する原油

の４分の１が中国向けです。

中国にとって原油輸入の４割を占める中東地域の安定は最重要課題の１つですが、サウジアラビアも中国以上に同地域の安定化を望んでいました。

イランとの対立がもたらす地域の不安定化が、「石油からの依存脱却」を掲げ、自国の経済大国化を急ぐムハンマド氏にとって足かせとなっていたというのがその理由です。

サウジアラビアとイランはイエメン内戦などで互いに敵対勢力を支援するなど、その対立は中東地域の不安定要因になっていました。

「習氏がサウジアラビアのムハンマド皇太子と２０２２年12月に会談した際に両国関係の正常化を提案した」との報道がありますが、私は「ムハンマド氏のほうから持ちかけた」と考えています。

イランとのつながりが深いことも中国の強みでした。

中国は２０２１年、イランとの間で25年間の包括的な協力協定を締結しています。

２０２３年２月、イランのライシ大統領が北京を訪問しました。現職のイラン大統領が中国を訪問するのは20年ぶりのことでした。

サウジアラビアとイランは対立を続けながら、ともに中国に接近しました。これに対し、米国はイランと長年、敵対関係にあります。１９７９年のイラン革命を契機に国交を断絶した状態が続いています。米国は人権問題を巡ってサウジアラビアともぎくしゃくしていました。

シェール革命後、米国が原油の供給先としての戦略的な価値が落ちたサウジアラビアとの関係をなおざりにした可能性は否定できないと思います。

サウジアラビアは、経済的なパートナーとしての中国、ＯＰＥＣプラスの盟友であるロシアとの関係を重視している印象があります。

中国がサウジアラビアとイランの国交回復を仲介したことは、中国がペルシャ湾周辺の原油を安定した供給元にしたいとの意向があるのは明白です。そのためにはシリアやイエメンで代理戦争を行ってきた両国の関係が良好になることが必要不可欠でした。

米国以上に中東地域の安定を望んでいた中国のプレゼンスが大きくなったのは当然だったのかもしれません。

ウクライナ危機でロシアも中東地域にまで手が回らなくなっている状況にあり、中国は「漁夫の利」を得ています。

米国やロシアはこれまで安全保障面から地域の秩序を保ってきましたが、中国は経済力を通じて影響力を行使するアプローチをとっています。

このように、中東地域を巡る大国のパワーバランスが変わりつつありますが、このことが同地域の今後にどのような影響を与えるのでしょうか。

中国の中東政策が抱える問題点

バイデン政権が中東政策で足元をすくわれている状況を尻目に、中国は中東情勢への関与を強めています。

中国の習近平国家主席は２０２３年11月、パレスチナ自治区ガザの情勢に関するメッセージを国連に発出し、「安全保障理事会は外交的仲介を強め、２国家解決の取り組みを再開するとともに、より強い権限を持つ効果的な国際和平会議を早期に開催する」ことを提案しました。

これを受けて、王毅・共産党政治局員兼外相は国連を舞台に外交攻勢をかけています。

王氏は同月、パレスチナやエジプトなどの外相と会談し、「イスラエルとパレスチナの間の永続的な停戦を望む」と訴えかけました。

中国は同月の国連安保理事会の議長国としてガザでの戦闘の一時停止を要請する決議の採択を主導しています。「米国の失策はチャンス」とばかりに中東地域での存在感を高めようとしているのは間違いないでしょう。

中国はサウジアラビア、イラン両国との良好な関係に加えて、イスラエルとも１９９２年に国交を樹立しており、以来、軍事技術を含む経済分野で広く交流を続けてきました。

中国は一帯一路プロジェクトでも中東地域に重点を置き始めています。一帯一路の立て直しを図りたい中国にとって潤沢な財政資金とインフラ建設のニーズを兼ね備えている中東地域は極めて有望な投資先だからです。

中国が近年、中東地域でプレゼンスを高めていることも追い風です。

アラブ首長国連邦（ＵＡＥ）・ドバイのＰＲ企業がアラブ諸国を対象に２０２３年６月に実施した世論調査で、中国は「友好的だ」と思う国のランキングで第２位となりました（米国は第７位）。

しかし、一帯一路のプロジェクトが実施された国々の治安が急速に悪化していることが気になるところです。

中国企業がプロジェクトのすべてを受注することから、地元に経済的利益をもたらすことは皆無に等しく、派遣された中国人労働者がそのまま現地に居着いてチャイナ・タウンをつくるため、地元住民との間で軋轢《あつれき》が生じてしまうケースが多いからです。

その最たる例が「親中国」の代表格と評されるパキスタンでしょう。

中国政府は2015年、アラビア海に面するグワダルに162億ドルを投じて国際港湾を開発することの見返りとして、パキスタン政府に対してその利用権を43年間保証することを認めさせました。

ホルムズ海峡からわずか500キロメートルの距離にあるグワダルは中国にとって戦略的な要衝地であり、その港湾開発は一帯一路を代表するプロジェクトでした。

しかし、開発当初から住民のデモや分離主義勢力のテロが絶えなく、グワダルの治安は日に日に悪化しています。

カザフスタンやキリギス、ミャンマーなどでも同様の事態が起きていることから、「一帯一路は『反中の道』と化しつつある」との指摘が出ているほどです。

一帯一路のプロジェクトが実施されれば、中東地域もパキスタンと同じ道を歩んでしまうのではないでしょうか。

民意に反してプロジェクトが強行されれば、「反中の嵐」が巻き起こり、中東地域の地政学リスクが高まる可能性は排除できません。

最も大きな問題は中国政府が国内のイスラム教徒への弾圧を続けていることです。

国際人権団体ヒューマン・ライツ・ウォッチは２０２３年11月に発表した報告書で「中国政府は国内のイスラム教の信仰を組織的に妨害するため、モスクの閉鎖や破壊を加速させている」と非難しました。

中国には約２０００万人のイスラム教徒がいると言われています。中国政府は「信仰の自由を認めている」としていますが、新疆ウイグル自治区での弾圧は世界的に有名です。

米国政府は「ジェノサイド（民族大量虐殺）だ」と非難していますが、中東地域ではこれまでこの問題がクローズアップされることはありませんでした。

中国との経済関係を重視する中東諸国がこの問題に蓋《ふた》をしてきたからですが、現下のアラブの民衆の激しい怒りを見るにつけ、彼らの間から「中国、許すまじ」との声が沸き上がるのは時間の問題なのではないでしょうか。

米国に続いて中国も「ノー」を突きつけられたら、中東地域は泥沼化してしまうのではないかとの不安が頭をよぎります。

経済分野での躍進ぶりがめざましい中国ですが、安全保障の点ではどうでしょうか。中国軍は海賊対策を目的として同海域に6隻の艦船を派遣していますが、実効性の点で疑問符が付いているようです。

米国防総省は2023年11月「アデン湾で起きた商船の拿捕《だほ》事件に対処し、小型ボートで逃走を図った実行犯を拘束した」と発表しましたが、その際「拿捕された商船の近くで中国軍の艦船3隻が活動していたが、対処しなかった」と付け加えました。

今回の事案をかんがみると、中東地域の安全保障面からの貢献は極めて限定的だと言わざるを得ません。

私は「今後、中東地域でも中国海軍と米海軍の緊張関係が高まってしまうのではないか」と危惧しています。

米中対立を7年前に予言したことで知られる米政治学者グレアム・アリソン氏は2023年9月「将来、米中戦争が起きるとすれば、80%の確率で『意図しない』形で始まる。両国のどちらか、あるいは、双方が状況を見誤って戦争となる」との見方を示しました。

「中東情勢の一寸先は闇」です。

事態が混乱の度を増せば、中東地域で中国軍と米軍の間で偶発的な衝突が起きる可能性が排除できないのではないでしょうか。

中東地域の地政学リスク

中東地域の緊張状態が続く中、原油市場においても地政学リスクが意識されるようになっています。

世界銀行は２０２３年10月に発表した２０２４年にかけての原油相場見通しに関する報告書の中で中東情勢について以下の３つのリスクシナリオを提示しています。

①２０１１年のリビア内戦のような「小規模な混乱」シナリオ（世界の原油供給が日量50～２００万バレル減少）では原油価格は１バレル＝93～１０２ドルに上昇する。

②２００３年のイラク戦争のような「中程度の混乱」シナリオ（世界の原油供給が３００～５００万バレル減少）では原油価格は１０９～１２１ドルに上昇する。

③１９７３年のアラブ諸国が実施した大規模禁輸のような「大規模な混乱」シナリオ

（世界の原油供給は600〜800万バレル減少）では原油価格は140〜157ドルに上昇する。

市場関係者の間では「イランによるホルムズ海峡封鎖」が警戒され始めていますが、私は「その可能性は低い」と考えています。

ホルムズ海峡が封鎖されれば、イランの原油輸出にも支障が生じるからです。

イランの原油生産量は日量約320万バレルと2018年以来の高水準になっています。米国政府が制裁の運用を緩和したおかげで輸出も好調です。

私は2023年10月中旬からイエメンの親イラン武装組織フーシ派に対して警戒してきましたが、日を追うごとにフーシ派の脅威は高まるばかりです。

フーシ派はイスラム教シーア派の分派であるザイド派の武装組織で、イエメンで1990年代に結成されました。

約20年にわたってイエメン政府と内戦を繰り広げ、2014年に掌握した首都サヌアを含め、イエメンで広範な領域を実効支配しています。

フーシ派とシーア派の大国イランは、スンニ派の盟主サウジアラビアとの対立という点で利害が一致します。

イエメンでは２０１５年1月、フーシ派が首都サヌアの大統領府を制圧し、翌2月に政権掌握を宣言。３月には南部に逃れた暫定政権を支援するため、サウジアラビア主導のアラブ連合軍がフーシ派の実効支配地域に空爆を始め、本格的な内戦に突入しました。内戦により、４５０万人以上が国内避難民となり、国民の８割が人道支援に依存するようになったと言われています。

フーシ派とイエメン暫定政権は、国連の仲介で停戦に向けた交渉を始めていますが、合意がまとまる目途は立っていません。

フーシ派は紅海の民間船舶などにミサイルやドローン攻撃を実施しており、同航路を運航する際の戦争リスク保険料が上昇しています。

フーシ派の戦力は不明ですが、中東に展開する米軍の脅威になりうるだけの対鑑ミサイルを保持しているとの見方もあります（２０２３年12月5日付ニューズウィーク日本版）。

米国防総省は２０２３年12月、紅海で商船防衛を実施するため、「連合海上部隊（ＣＭＦ）」を活用することを明らかにしました。ＣＭＦは中東地域を中心に活動する多国間の海洋安保の枠組みであり、日本を含め30か国以上が参加しています。

米軍は2024年1月中旬からフーシ派への空爆を断続的に行っていますが、同盟国であるサウジアラビアは自制を求める姿勢をとり続けています。自国もフーシ派の攻撃対象になってしまう懸念があるからです。

私が警戒しているのはサウジアラビアを巡る地政学リスクです。

国営石油企業サウジアラムコは2023年10月「同社は世界の原油需要の3%に相当する日量300万バレルの余剰生産能力がある」ことを明らかにしたように、世界の原油市場で一朝事があった場合に頼りになるのはサウジアラビアです。

そのサウジアラビアにとって最大の外敵はフーシ派なのです。

フーシ派は2019年9月、サウジアラビア東部の石油施設を攻撃して、同国の生産能力の約半分に相当する日量570万バレルの原油供給を一時停止させた「前科」があります。原油価格は一時、急騰したものの、「早期の復旧が可能だ」との理由で原油価格はその直後に下落しました。

4年前に比べ、フーシ派の戦闘能力は格段に向上しています。ウクライナ戦争に投入され格段に進化したとされるイラン製ドローン（無人機）が再び襲来すれば、サウジアラビ

アは４年前以上の損害を出す可能性が高いことが懸念されます。

世界銀行が提示した「大規模な混乱」に相当し、原油価格は１５０ドルを超えてしまうのかもしれません。

湾岸産油国で「アラブの春」が発生？

２０２３年11月、サウジアラビアのリヤドでアラブ連盟（21か国と1機構で構成）とイスラム協力機構（56か国と1機構で構成）の緊急の合同首脳会議が開かれました。

その場でアルジェリアやレバノンなどの国々が、イスラエルとその同盟国への石油禁輸などを要求しました。

石油禁輸と言えば、１９７３年の第４次中東戦争の勃発を受けて、アラブ石油輸出国機構（ＯＡＰＥＣ）がイスラエルなどに科したことが思い出されます。

これが引き金となって、当時の原油価格は4倍に跳ね上がり、史上初の石油危機となってしまいました。

前述の会議では、イスラエルと国交を樹立しているアラブ首長国連邦（ＵＡＥ）やバーレーンなどが異議を唱えたため、石油禁輸が実施されることはありませんでした。

石油禁輸の見送りにより原油価格の高騰は回避されましたが、私は「UAEなどがイスラエルに武力攻撃を実施している勢力から『新たな敵』とみなされるリスクが生じたのではないか」と懸念しています。

フーシ派は2022年1月、UAEの首都アブダビ郊外にもドローン攻撃を行った（死傷者9人、石油施設への被害なし）「前科」があります。

攻撃能力が以前に比べて高まっているフーシ派が再びUAEを攻撃すれば、同国の原油生産（日量約320万バレル）に多大な被害が出てしまう恐れがあります。


UAEが親イスラエル政策を堅持していることも心配の種です。

前述の米ワシントン近東政策研究所が実施した調査によれば、UAEの国民の約7割がアブラハム合意に否定的です。

イスラエルと国交を持つUAE政府は板挟みの状態にあります。

サウジアラビアやUAEではガザ地区に関するポスターや看板は見当たりません。当局がガザ地区の住民への共感が国内のデモを誘発することを警戒しているからです（202

3年12月16日付日本経済新聞）。

パレスチナとの連帯を訴える一方、イスラエルとの経済関係も保つ方針ですが、このような「都合のよい中立」政策はいつまで国民の理解を得られるのでしょうか。

中東専門家からは「今回の紛争について湾岸大産油国があいまいな態度を取り続けていると、民衆の怒りが噴き出し、湾岸地域を舞台に『第２のアラブの春』が起きる可能性がある」との指摘が出ています。

アラブの春とは２０１０年から12年にかけて中東・北アフリカ地域で発生した反政府民衆運動のことです。

サウジアラビアやＵＡＥは当時、豊富なオイルマネーを民衆にばらまき、不満を未然に抑え込んだという経緯があります。

ＯＰＥＣとロシアなどの大産油国で構成するＯＰＥＣプラスは２０２２年11月から世界の原油供給量の２％に当たる日量２００万バレルの減産を実施しています。サウジアラビアはさらに２０２３年７月から日量１００万バレルの自主減産を実施しています。

サウジアラビアが一人気を吐いている感が強いのですが、この「やせ我慢」はいつまで続くのでしょうか。

サウジアラビアの2023年第3四半期のGDPは前年に比べて大幅なマイナスになっています。原油生産量を日量900万バレルに抑えている（生産能力は同1200万バレル）ことが主な要因であり、財政収支も赤字に転落しています。

減産を実施しても原油価格が上がらなければ、経済は悪化するばかりです。

モルガン・スタンレーは2023年12月に発表した「新興国市場を揺るがしかねない9つのサプライズ予想」の第7位に「サウジアラビアがすべての供給削減を撤回する」ことを挙げました。

減産によって同国の「ビジョン2030（脱石油経済化）」計画への支出能力に影響が出始めており、政府に増産圧力がかかる可能性があるというのがその理由です。

サウジアラビア政府は2023年12月、ビジョン2030計画が当初の予定よりも遅れていることを初めて認めました。

ビジョン2030の目玉は総工費5000億ドル（約75兆円）に上る未来都市「NEOM」の建設です。この莫大な資金を捻出するためには高油価が不可欠の条件ですが、それが無理なら増産をしてでも資金を確保するしかありません。

サウジアラビアが増産に舵を切れば、原油価格は暴落するでしょう。

窮地に追い込まれつつあるサウジアラビアの方針転換が、今後の世界の原油市場にとって最大の波乱要素なのかもしれません。

このように、原油価格が下落する状況下で湾岸諸国の財政は10年前と違って潤沢ではありません。「カネの力で民衆の口を塞ぐ」ことが難しくなっているのです。

イスラエルへの怒りが高まっている中、政府が民意に反する行動をとり続ければ、UAEの政情は不安定化するのではないでしょうか。

国内が大混乱に陥れば、リビアのように原油生産量がゼロにまで落ち込んでしまうかもしれません。

UAEに一朝事があれば、日本にとっては一大事です。

2023年12月の日本の原油輸入に占めるUAEの比率は34%で第2位です（サウジアラビアが43%で第1位）。

過去最高水準の中東依存度

第1次石油危機から50年の月日が経過しましたが、**日本の原油輸入の中東依存度は過去**

最高の水準（90％以上）になっており、日本のエネルギー安全保障は当時に比べても悪化している感が否めません。

石油危機以前で最も中東依存度が高かったのは１９６７年に91％でした。１９７３年の石油危機時の中東依存度は77％でしたが、２度の石油危機を経て、１９８７年に68％にまで低下しました。

しかし、日本に原油を輸出していた中国が１９９３年に、そしてインドネシアが２００４年に原油の純輸入国になってしまったことから、日本の中東依存度は１９９８年に再び80％を超えました。

その後、２００９年に再び90％台となり、２０２０年には92％となりました。２０２２年以降、日本の石油企業がロシア産原油の購入を停止したことで過去最高の水準が続くようになってしまいました。中東依存度は今後、大きく下がる見込みがないと言わざるを得ません。

ペルシャ湾岸から日本（横浜）までの所要日数は21日です。

欧州（オランダ・ロッテルダム）まで34日、米国（メキシコ湾）まで38日と比べると日数は少ないものの、ホルムズ海峡やインド洋、マラッカ海峡などのようなチョークポイント

（戦略的に重要な海上水路）を通らなければなりません。

日本までのエネルギー輸送路における最大の危険要因はホルムズ海峡の封鎖だと言われています。ホルムズ海峡の最も狭いところは3キロメートルしかありません。

世界では現在、日量約4000万バレルの原油が国境を越えて輸送されていますが、ホルムズ海峡はその5割近く（日量約1700万バレル）が通過する原油輸送の最大の要衝です。日本が輸入する原油のほぼ100％がこの海峡を通過しています。

マラッカ海峡も気象条件が悪く、浅所や狭所が多いため、戦争やテロ、海賊に見舞われるリスクが高いとされています。

日本からペルシャ湾の入り口までの約1万2000キロメートルに及ぶ「航行の自由」を長期にわたって担保することは容易なことではありません。

このような状況にありながら、これまで**中東からの原油が安定的に供給されてきたのは、米軍が重要なシーレーンを守ってくれていたおかげです。しかし、今後もこの状態が続くという保証はありません。**

日本の原油消費量は減少傾向にありますが、先進国の中で中東依存度がダントツに高い

というアキレス腱を抱えています。日本の原油供給を巡る状況は世界最悪だと言っても過言ではないのです。

石油危機を振り返る

私は「今後の中東情勢次第では史上最悪の石油危機が起きてしまうのではないか」と危惧し始めています。

ここで、50年前の石油危機について振り返ってみましょう。

1973年10月6日、イスラエルとエジプト、シリアがスエズ運河東岸とゴラン高原で武力衝突し、第4次中東戦争が勃発しました。

これを受けて10月16日にOPEC加盟国のうちペルシャ湾岸6か国（サウジアラビア、イラク、UAE、クウェート、バーレーン、オマーン）が原油価格を1バレル＝3・01ドルから5・12ドルに引き上げ、12月23日には「1974年1月から原油価格を1バレル＝11・65ドルに引き上げる」ことを決定しました。

原油価格の引き上げを後押ししたのはアラブ石油輸出国機構（OAPEC）でした。

10月17日から原油生産の段階的削減を開始し、同20日にはイスラエルが占領地から撤退するまでイスラエル支持国（米国をはじめとする西側諸国）への石油禁輸を決定したことで、世界の原油市場に逼迫感を生じさせたのです。

１９７３年10月からわずか２か月間で原油価格は約４倍になりました。原油価格が急騰した背景には、当時、セブンシスターズ（７人の魔女たち）と呼ばれていた国際石油企業（オイルメジャー）による産油国に対する長年の搾取がありました。

産油国はオイルメジャーの国際カルテルによって開発生産計画を一方的に決められ、輸出価格もじりじりと下げられ、財政的な苦境に立たされていました。

ＯＰＥＣは１９６０年に主要産油国が一致団結してと輸出価格に関する交渉を行うために結成した国際機関です。ＯＰＥＣはオイルメジャーに対する「労働組合」的な性格を有する組織として誕生したのです。

第１次石油危機はＯＰＥＣによるオイルメジャーに対するリベンジだった言っても過言ではありませんでした。

しかし、長年安価な原油利用を享受してきた日本をはじめとする西側諸国に大混乱をもたらしました。１９７４年の日本の消費者物価指数（ＣＰＩ）は前年に比べて23％も上昇

し、「狂乱物価」という用語まで生まれました。

第1次石油危機の混乱ぶりで紹介されるのはトイレットペーパー騒動です。

NHKによれば、最初にトイレットペーパーがなくなったのは1973年10月31日、大阪・千里ニュータウンのスーパーでした。

突然、主婦たちが押しかけ、トイレットペーパーを次々と買い求めていったのです。

この光景は連日続き、新聞やテレビを通じて全国に伝えられ、各地のスーパーなどで店頭からトイレットペーパーは姿を消しました。

直接のきっかけをつくったのは当時の中曽根通商産業大臣だったようです。

テレビに出演した中曽根氏は、「原油の削減で紙製品の供給にも影響が出るのか」との質問に対し、「その可能性はある」と述べました。

これに敏感に反応したのが千里ニュータウンの主婦たちでした。

千里ニュータウンは大阪府豊中市と吹田市に跨がる千里丘陵に1960年代に造成された5階建ての大型団地群です。若い世代が入居してできた新しい街でした。

当時普及率が30%程度だった水洗トイレが、千里ニュータウンでは各家庭に備え付けられていました。このことが騒動の原因となってしまいました。

従来のくみ取り式のトイレとは異なり、水洗トイレでは、水に溶けるトイレットパーパーしか使えませんでした。トイレットペーパーの代わりに新聞紙を流してトイレが詰まってしまったケースが頻繁に発生していたそうです。

当時は現在とは異なり、近所づきあいがさかんだったので、「トイレが詰まったら周りに迷惑をかける」との意識が強く、トイレットペーパーがなくなることは一大事でした。

前述の中曽根氏の発言から、団地内に「石油危機でトイレットパーパーがつくれなくなる」との噂があっという間に広がり、買い占め騒動が起きてしまったのです。

実際には、トイレットペーパーの供給は前年に比べて多かったのにもかかわらず、「パニック買い」のせいで全国で供給不足が生じてしまったというわけです。

石油危機の本質

その後、1978年から1979年にかけての第2次石油危機とそれに続く1980年からのイラン・イラク戦争により、原油価格は1バレル＝34ドル以上に上昇しました（約

3倍の値上げ)。

第1次石油危機前に比べると、原油価格は7年間でなんと11倍になったのです。

原油価格は高騰しましたが、原油の供給が減少することはありませんでした。

第1次石油危機では、世界の原油生産量は前年に比べて5%減少し、第2次石油危機時も世界の原油生産量は5%減少したと言われていますが、「危機」の期間中、先進諸国への原油供給量は一貫して増加していました。

過去の石油危機で何が問題であったかと言えば、原油価格が高騰したことです。

なぜ原油価格が高騰したかというと、中東大産油国の供給停止という事態を前に原油消費国の政府と業界がパニックに陥り、危機に乗じて増産をした他国の原油に殺到したため、原油価格が必要以上に引き上げられてしまったからです。

原油消費国でも、消費者がパニックを起こして仮需要をつくってしまったために、ガソリンスタンドや国内配送施設からたちまち石油製品が姿を消してしまいました。

通常なら自動車の燃料タンクが空になるまで給油しないのに、ドライバーたちは目盛りが半分になる前にガソリンスタンドに行きました。

1970年代の米国における自動車全体のタンクの中のガソリン残量が50%から60%に

なるだけで千数百万バレル以上の超過需要が発生したという調査結果があります。
日本のトイレットペーパー騒動も同じ現象です。

２度にわたる石油危機を経て、ＯＰＥＣは絶頂期を迎えましたが、その栄華は長くは続きませんでした。

あまりにも人為的な価格引き上げの反動で世界の原油需要は急減し、１９８６年に原油価格は暴落して、ＯＰＥＣの国際価格カルテルは崩壊しました（逆オイルショック）。

ＯＰＥＣの盟主であるサウジアラビアは１９７０年代の人為的高価格政策を「近視眼的なものであった」と反省し、１９８０年代後半以降は「原油を武器として使用することなく、長期的に持続可能な安定的な価格の維持を目指す」と方針を転換しました。

その後、中東地域では１９９０年に湾岸戦争、２００３年からイラク戦争が起きましたが、幸いなことに石油危機は起きていません。

しかし、**現下の中東情勢にかんがみれば、今後、供給途絶を伴う最悪のシナリオが発生する可能性は排除できない**と思います。

供給途絶がいかに深刻な事態を招くかについては、故堺屋太一が１９７５年に上梓した小説『油断！』（日本経済新聞社）が参考になります。

小説『油断！』

『油断！』は堺屋が1975年に出版したシミュレーション小説です。

『油断！』というタイトルは、古代インドの書「ラーマーヤナ」の一節（過ぎたる自信と傲慢の故に持てる油を失い、その首を断たれた者があった。古の賢人はこれを油断と呼んで、後の世の戒めとした）に由来します。

小説は、まず有志のメンバーが集まって「中東からの原油輸入が止まったら」という仮説を立て、日本の経済社会に与える影響をコンピューターでシミュレーションするところから始まります。

堺屋も実際、有志を募ってシミュレーション作業を行い、1972年4月中旬にその結果をとりまとめていました。

「これをどのような形で世に出したらよいか」と考えた有志メンバーの総意が「小説にすべき」だったことから。堺屋が執筆をすることになりました。

小説がほぼ完成したのが１９７３年9月、堺屋は旧知の出版社に原稿を郵送しました。当初の反応は芳しいものではありませんでしたが、翌年の10月に第４次中東戦争が発生し、石油危機が現実になると、原稿を受け取っていた出版社は「今こそチャンス、この機に乗じて出せば大当たり間違いなし」と言い出しました。

しかし、堺屋は「今、これを出版すれば世の中の混乱を助長する」として、世の中が落ち着くまで出版は見合わせる決断をしたそうです。

堺屋は約2年後の１９７５年10月、その後の経緯を加えてリニューアルした原稿を『油断！』と題して出版しました。この小説はたちまち話題となり、売り上げ１００万部を超えるベストセラーになりました。

この小説の存在は有名ですが、現在、気軽に読める状態にはありません。文庫も絶版となり、入手できるのは『堺屋太一著作集　第1巻』（東京書籍）のみです。

石油危機は「過去の遺物」になった感があります。

私はこの小説を改めて読んでみましたが、シミュレーションの結果には驚きました。

小説では「石油輸入大幅減少時の影響とその対策に関する調査（油減調査）」となって

おり、「日本への原油輸入が通常の3割になった場合」を前提にしています。

当時の日本の原油の備蓄量は60日分の消費量でしたから、シミュレーションでは60日を過ぎると被害が急速に拡大します。

ショックを受けたのは日本で相当数の死者が発生することです。最初の死者はかなり早い段階から出ますが、相当の数になるのは100日目を過ぎてからです。最終的な結果は「1年間ホルムズ海峡が封鎖されると、300万人の生命と全国民財産の7割が失われる」というものです。

堺屋は登場人物に「太平洋戦争3年9か月と同じ被害だ」と語らせています。

私には1976年にテレビで放映されたドラマの記憶があります。コンピューターの画面上に示された日本列島の地図上に、赤点（一点当たり1000人の死者が発生）があっという間に広がっていく様に震撼したことを覚えています。

小説ではその後、実際にアラブ諸国とイスラエルの間で再び武力衝突が起き、ホルムズ海峡は約200日にわたって封鎖され、多くの人命が失われる（詳細は不明）という展開になっています。

小説では深刻な供給途絶が起きていますが、過去の石油危機ではそのような事態は起きていません。「油断」は1度たりとも起きていないのです。

オワコンになった原油

小説『油断！』を改めて読んで気づいたことは、当時の状況が現在とよく似ていることです。

第1次石油危機が終わった直後であるのにもかかわらず、「喉元過ぎれば熱さを忘れる」とばかりに、原油の安定供給という問題は等閑視されていました。世界各地で新油田が開発され、代替エネルギー技術が進歩したというのがその理由です。

当時の通商産業省（現経済産業省）にとって優先順位の高い政策課題は、原油の安定供給ではなく、原油利用に伴う公害対策でした。

通商産業省は石油業法を根拠に石油精製施設の新増設に関して許認可権限を持っており、石油業界に対して公害対策に不可欠な重油脱硫装置などの設置を求めることに躍起になっていました。

「世界的に公害問題がやかましくなってきているため、硫黄分が多く中東産原油は売りに

くなっており、だぶついている」というのが当時の認識でした。

堺屋はこの楽観的な雰囲気に対して、小説に登場する人物の1人に「世界一（原油の）自給率が低い日本が、世界一何もしていない」と言わせて、危機感のなさを嘆いています。

私は現在の状況も同じだと思えてなりません。

UAEのドバイで開かれていた第28回国連気候変動枠組み条約締結国会議（COP28）は2023年12月、閉会しました。

協議は一時、決裂するかと思われましたが、石炭と石油、ガスの使用からの「脱却を進める」ことで合意しました。

COP28の開幕当初、米国や英国、EUなどは「化石燃料からのフェーズ・アウト（段階的な完全排除）」を強く求めていましたが、サウジアラビアをはじめとする産油国がこれに強く反発したため、妥協の産物が「脱却を進める」という表現でした。

表現ぶりは若干弱まったものの、化石燃料が「オワコン（終わったコンテンツ）」化した印象は否めません。

米国で民主党のバイデン政権が誕生して以来、国際社会は「脱炭素」一色に染まり、原油を含む化石燃料は「座礁資産」と呼ばれるようになってしまいました。

座礁資産とは「社会の環境が激変することにより価値が大きく毀損した資産」のことを指します。二酸化炭素排出量の大幅削減が至上命題となっている昨今、化石燃料の資産価値はとてつもなく大きく下がっているというわけです。

ＩＥＡも２０２１年5月、２０５０年までに世界の温室効果ガスの排出量を実質ゼロにするための行程表を公表しました。これに対し専門家からは「今後の世界の原油市場に混乱をもたらす」と危惧する声が一斉に上がりました。

そもそもＩＥＡは、米国のキッシンジャー国務長官（当時）の提唱により、１９７３年の石油危機を再発させないことを目的として、翌74年に設立された国際機関です。

石油危機が勃発する可能性が高い中東産原油の依存度を下げるために、非ＯＰＥＣ諸国の増産を支援するなど世界の原油供給の拡大を後押ししてきました。化石燃料を巡る国際情勢が大きく変わったとはいえ、そのＩＥＡが原油の安定供給を脅かしかねないレポートを出したのです。

IEAは2010年代後半に「原油開発への投資の減少から2020年代初めに深刻な供給不足が生じ、原油価格は急上昇するリスクがある」と警告していました。

2014年の世界の原油・天然ガスの上流投資（開発部門の投資）の規模は約8000億ドルに上っていましたが、2020年には3000億ドルにまで縮小しました。

米国でシェール革命が起きたことで従来の手法による探鉱開発活動が低調になったことに加え、新型コロナのパンデミックによる需要の減少が主な要因でした。

2021年の上流投資も「脱炭素」の逆風に遭い、3410億ドルと伸び悩みました。

サウジアラビアのアブドラアジズ・エネルギー相は「2030年の原油需要が日量9000万バレルであるのに対し、供給は同7000万バレルに落ち込むリスクがある」と警鐘を鳴らしています。

EV大手テスラのイーロン・マスクCEOは、2023年12月「温暖化を防ぐために二酸化炭素の排出量を減らすことは重要だが、中期的な観点で石油と天然ガスを悪者扱いすべきではない」との考えを示しました。私もまったく同意見です。

オワコン化した原油の安定供給に対する危機意識が下がることはあっても上がることはないでしょうが、災害は忘れた頃にやってきます。

国家石油備蓄は大丈夫か

堺屋は『油断！』の中で備蓄の重要性を強調していました。小説が書かれた時は石油元売り企業などが流通在庫として保有する民間備蓄しかありませんでしたが、備蓄制度はその後、大幅に強化されました。

原油の民間備蓄は１９７５年度に法律（石油備蓄法）で義務化され、その義務量は現在、消費量の70日分となっています。

特筆すべきは国家備蓄の存在です。国家備蓄は１９７８年度から開始され、現在、約２・７億バレルの原油が全国９か所の備蓄基地に保管されています。

備蓄量は当時の原油輸入量の90日分と定められていましたが、その後、日本の輸入量が減少したため、現在、備蓄日数は１３７日分となっています。

世界的に見ても遜色のない備蓄の規模ですが、これまで放出した実績が一度もないのが気になります。

米国の戦略石油備蓄（ＳＰＲ）は随時放出されていますが、日本では極めて少量の原油が「油種入れ替え」という名目で放出された以外、実績はありません。

1990年の湾岸戦争時に国家備蓄の放出が検討されましたが、実際に行われることはありませんでした。

私が懸念しているのは、実際の原油放出のルールが決まっていないことです。

米国では時価で放出することになっていますが、日本では未定です。

備蓄した当時の油価は1バレル＝40ドル前後でした。危機の際に時価で放出すれば、大量の利益が生ずることになりますが、「国はどさくさに乗じて焼け太りするのか」との批判が出る可能性が高いと言わざるを得ません。

一方、国に関連する資産を管理する財務省は簿価で原油を放出することに難色を示すでしょう。

国家備蓄の運営のために毎年、多額の税金が投入されています。

放出時の原油価格を「簿価か時価か」と小田原評定を繰り返していては、「何のための備えだったのか」とのそしりを免れません。

放出の入札方式も決まっていません。一般競争入札にするのか、指名競争入札（特定の条件により発注者側が指名した者同士で競争に付して契約者を決める方式）にするのかについてあらかじめ決めておくべきでしょう。

国家備蓄原油を受け取る際の船舶の手配にも配慮が必要です。日本国内を航行する船舶（内航船）の乗組員は日本人に限られるため、内航船の確保に支障が生じる場合があるからです。

いずれにしても、**国家石油備蓄は石油危機の際の最後の砦です。「伝家の宝刀」がいざというときに錆びついて抜けないという事態をなんとしてでも避けなければなりません。**

中東依存から米国依存へ

中東地域で米国の影響力が低下していることを踏まえ、「原油の中東依存度を下げるために米国から原油を大量に購入すべきだ」と私は考え始めています。

世界最大の原油生産国となった米国は今や原油の大輸出国となっています。足元の原油輸出量は日量５００万バレル強と日本の１日の消費量（約２７０万バレル）の約2倍となっています。

アジアでは中国や韓国が大量に輸入しています（両国合計で日量約１７０万バレル）が、

日本への輸入はつい最近までほとんどありませんでした。

中東地域のサワー原油（硫黄を多く含む原油）を処理することに適した施設を有する日本の石油企業が、米国産のスイート原油（硫黄分が少ない原油）の購入に消極的であることに起因しています。

日本の石油企業が保有する製油所のスペック変更などを行わない限り、中東依存度を大幅に低下させることは難しい状況なのです。

第1次石油危機当時の日本の1次エネルギー（自然から直接採取できるエネルギー、2次エネルギーである電力は除外）に占める中東産原油の比率は59％だったのに対し、2021年は35％と下がっていますが、世界で最も高齢化が進んだ日本社会の危機への対応能力も落ちています。

思い起こせば、1930年代、世界最大の原油生産量を誇っていたのは米国でした。地下に眠る原油の採掘技術を持っている企業が米国に集中していたからです。

当時の日本は原油の全輸入量約420万キロリットルのうち、米国から約280万キロリットルを輸入していました。そのシェアは約7割でした。

このような状況下で、1941年7月、米国は日本軍の仏領インドシナ（現在のベトナム、ラオス、カンボジア）への進駐を理由に在米日本資産の凍結を行い、翌８月には日本への禁輸措置を実施しました。いわゆる「Ａ（米国）Ｂ（英国）Ｃ（中国）Ｄ（オランダ）包囲網」です。

日本軍が「石油の供給が止まれば戦闘能力を失う」と焦り、起死回生を狙って大戦争に突き進んでいったことは周知の事実です。

米国が原油生産大国に返り咲いた今こそ、日本は再び原油の米国依存を深めていくべきではないでしょうか。

幸いなことに２０２３年10月から米国から日本への原油が増加しています。米国のシェアは３～４％程度ですが、政府は精製所の設備変更のための支援を行うことで日本の石油企業の米国産原油購入の動きを強力に後押しすべきだと思います。

原油の安定供給に不可欠な供給源の多様化にとって、米国ほど最適な存在はありません。

米国からの原油供給は米国第７艦隊が守ってくれます。

現在の日本にとって最も大きな課題は経済安全保障です。

経済安全保障とは経済的手段によって安全保障の実現を目指すという考え方です。

日本で経済安全保障の優先度が高まったのは、米国や中国がそれぞれの経済安全保障政策を掲げて覇権競争に突入したことが大きく影響しています。

経済安全保障の観点から世界的なサプライチェーンの見直しが進んでいます。ハイテク製品や高度な軍事技術に不可欠な半導体に脚光が当たっていますが、かつて「戦略物資」と呼ばれた原油の安全供給についての議論は皆無です。

戦略物資とはもともとは「戦争遂行に欠かせない軍事物資」という意味です。しかし、１９７０年代の２度にわたる石油危機を経験した日本では「経済全体の発展に不可欠な重要物資」を指すようになり、中でも地政学リスクが高い中東地域からの輸入に大きく依存する原油のことだと理解されていました。

「脱炭素」という大原則の下、「政府が石油企業を支援するのはいかがなものか」との風潮が強いことは承知していますが、**当分の間は、ガソリンや軽油、灯油などの石油製品抜きでは暮らしていけない**のも事実です。

ガソリン代を補助することも大事ですが、政府は供給サイドの改善のためにも必要な資金を投ずるべきではないでしょうか。

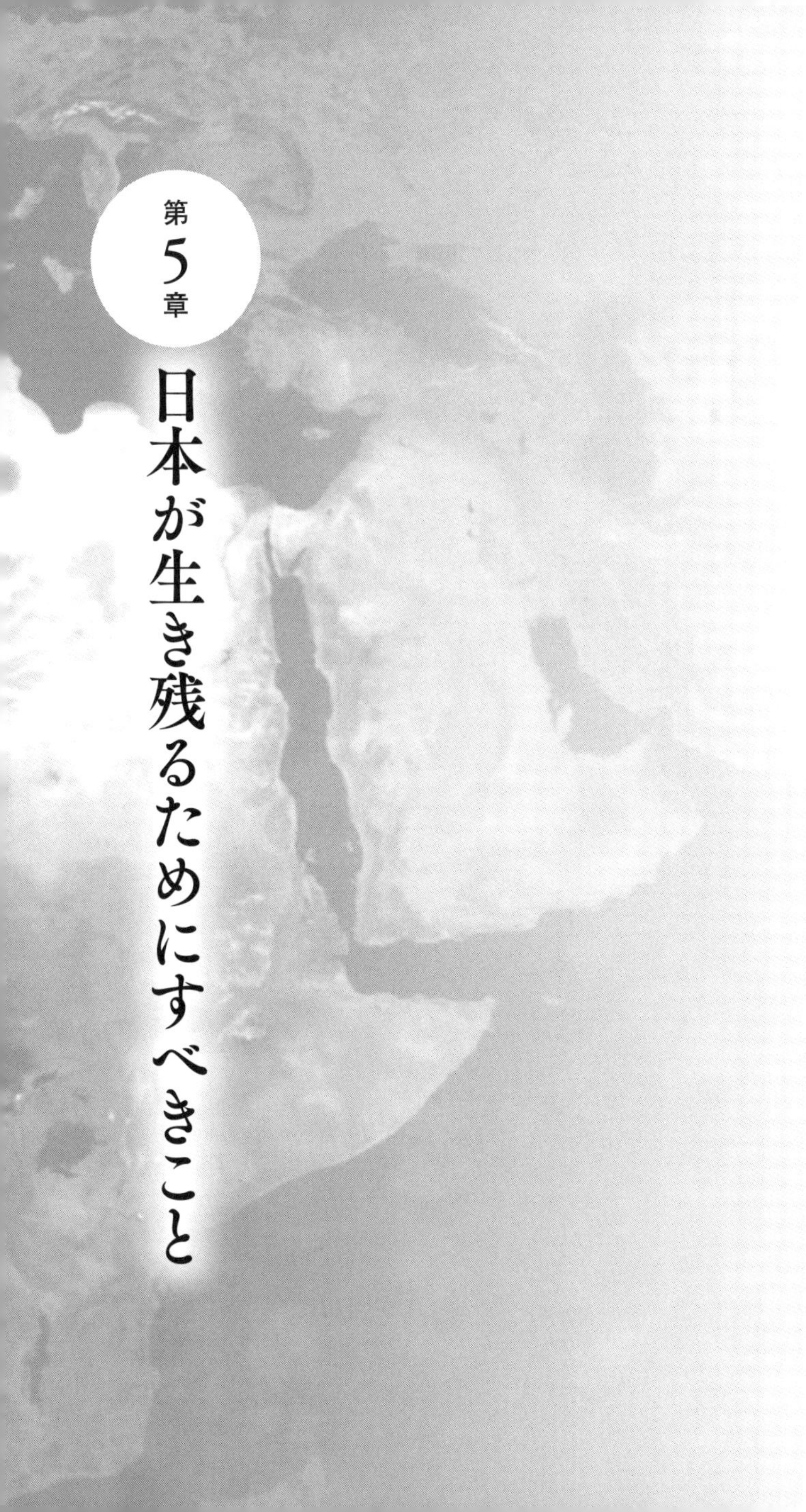

第5章 日本が生き残るためにすべきこと

グローバル化のハードランディングに備える

国際政治学には「安全保障のジレンマ」という概念があります。軍備増強や同盟締結など自国の安全を高めようと意図した国家の行動が、別の国家に類似の行動を誘発させてしまい、双方が欲していないのにもかかわらず、結果的に軍事衝突につながってしまう現象を指しています。

安全保障のジレンマという概念が生まれたきっかけは第一次世界大戦だと言われていますが、第一次世界大戦の遠因はグローバル化だったとの指摘もあります。

グローバル化は世界を豊かにしますが、その過程で「勝ち組」と「負け組」が生まれます。各国間の連携が深まることから、「負け組」連合が「勝ち組」連合に対して激しい異議申し立てをするというのがその理由です。

19世紀を通じてグローバル化が進んだ欧州地域で突如、世界規模の戦争が起きてしまいましたが、戦後処理が適切でなかったため、アジア太平洋地域にまで戦線が拡大した形で第二次世界大戦が起きてしまいました。

これを現在の状況にあてはめてみると、40年余にわたる冷戦が終わった時に適切な戦後処理がなされないまま、米国の一極支配が始まりましたが、現在、その問題が露呈し、世界は深刻な分断の状況になりつつあります。

これまでに述べたとおり、大国間の戦争が起きてしまうかもしれませんし、政情不安から米国や中国などで内戦が起きてしまうのかもしれません。

いずれにしても、今後日本は激動の時代に直面する可能性が高いと思いますが、世界一高齢化率が高い日本にとっての至上命題はなんとしてでも戦争を回避することです。

ケインズはかつて「最も困難なのは古い考えを捨て去ることだ」と述べましたが、私たちが最も抗いがたいのは「グローバル化は善」という発想です。

危険な副作用を伴うグローバル化とは距離を取った発想が必要なのかもしれません。

「鎖国」再考

エマニュエル・トッド氏は「鎖国という『孤立・自律状態』から抜け出した日本がその後攻撃的になったのは、欧米諸国を模倣して同盟関係や植民地獲得競争に参加したからだ」と述べています（2022年7月5日付文春オンライン）が、明治維新からアジア・太平洋戦争敗戦に至るまでの間、10年に1度の頻度で戦争を行ってきたことはたしかです。

昭和の時代に教育を受けた世代は「江戸時代は『鎖国』状態だった」と学びましたが、現在、その認識は誤りであることが定説になっています。

キリスト教を敵視した江戸幕府は、幕府の監督下にない自由な人の往来を禁止したものの、長崎、対馬、薩摩・琉球、松前という4つの「口」を通じてヒト・モノ・情報の流通を管理することで、幕府は当時の日本が必要としていた物資を安定的に確保することに尽力していました。いわば「管理貿易」だったのです。

管理貿易を余儀なくされたのは、アジア周辺海域でも欧州諸国間の軍事衝突が頻発したからです。朱印船貿易制度を創設してアジア海域での貿易と航海の安定を図ってきた幕府が、民間人に対して安全を保障することができなくなってしまったのです。

こうした事態を回避するためには、朱印船制度を廃止し日本船の海外渡航を禁止することが手っ取り早い解決策でした。幕府は海外渡航を制限するため、１６３１年から朱印船貿易を制限し始め、１６３３年に朱印船貿易を全面禁止しました。

16世紀に「大航海時代」を謳歌していた世界経済でしたが、17世紀に入ると突然不調になりました。

当時の世界貿易は事実上の銀本位制でしたが、通貨の材料だった銀の世界生産が減少してしまったからです。

17世紀の世界は寒冷化にも見舞われたことから、各国の政情は悪化しました。

特に悪影響が生じたのが大航海時代を主導した欧州地域でした。

17世紀を通して欧州が戦いに明け暮れていた（30年戦争や絶え間のない王位継承戦争など）のに対し、日本を含め東アジアは平和を保ち、繁栄を維持し続けていました。

日本をはじめ当時の東アジアの国々はおしなべて海禁政策をとっており、ドイツの哲学者カントは平和を保つための方策として肯定的に評価していました。

江戸時代の経済は自給自足ではなく、「4つの口」を通じて隣接する東アジアの国・地域に媒介されており、特に中国との貿易は不可欠でした。

長崎に来ていた中国人の数はオランダ人よりもはるかに多かったのです。唐船は東アジアからも来ており、当時の日本は華僑ネットワークに組み込まれていました。

このように、江戸幕府は当時の世界情勢を踏まえながら、自らの政策意図（キリスト教の排除とアジア貿易の維持）を実現するしたたかな外交力を展開していたのです。

鎖国をしたことにより、江戸時代後期の日本は内需主導型の経済体制に変身を遂げました。参勤交代がヒト・モノ・カネを流通させ、日本各地に特産品が生まれました。現在の日本は当時と比べて比較にならないほど多くの富を蓄積しています。原油をはじめとする化石燃料を確保できれば、同様の経済運営は十分可能です。

また、鎖国は日本に海外からの伝染病の侵入を防ぐ効果を有していました。新型コロナウイルス感染症のパンデミックから4年が経過し、その脅威が収まりつつありますが、私は「次のパンデミックは人間に感染しやすい形に変化した鳥インフルエンザウイルスではないか」と危惧しています。**グローバル化が進んだ今、10年に1度の頻度で新たな感染症の襲来を受けるようになっていますが、今回の新型コロナウイルスのパンデミックの経験でわかったことは、いくら科学が進歩したとしても国境を閉める以外の選択肢はなかったことです。**防疫の関係上、鎖国は今でも有効なのです。

このように、日本では18世紀末まで平和が続きましたが、産業革命を経て強国となった西欧列強が次々と来訪すると状況は一変しました。鎖国は富国強兵を妨げる負の制度として否定的に評価されるようになったのです。

しかし、**現在の視点で考えれば、鎖国の本質は経済安全保障の重視**です。

「賢者は歴史に学ぶ」と言いますが、グローバル化を謳歌した世界経済が絶不調になり、国際社会が大動乱の時代を迎えつつある今こそ、17世紀前半の教訓を真摯に学ぶ必要があるのではないでしょうか。

日本が生き残るために

17世紀は「国民国家」が勃興した時期にあたります。

国民国家は1648年のウエストファリア条約を起点にして「世界標準」になった統治システムです。

国民国家とは、境界線で仕切られた特定の国土の中に人種、言語、宗教、生活文化を共有する極めて同質性が高い「国民」が集住している「国家」のことです。

現在、国連に加盟している193か国は国民国家であると言われていますが、グローバル化の進展により国民国家という政治単位が国際社会における主要なアクターである時代は終わりを迎えるのではないかと言われていました。

たしかに世界一豊かな国民国家である米国、長らく最大の人口を誇ってきた中国では、これまでの統治スタイルでは国をうまくまとめることができず、今後、分裂や崩壊の危機を迎える可能性が高いと思います。

今後の世界は米中2強時代ではなく、米中いずれもが衰退し、世界は多極化・カオス化するシナリオが有力なのです。

日本の戦国時代のように**カオス化した世界の下では「いかに勝つか」ではなく「いかに負けないか」のほうが重要**になります。

「負け比べ」の時代となれば、日本は脚光を浴びることになるでしょう。

日本も数多くの問題を抱えていますが、「失われた30年」をなんとか乗り越えてきた実績があります。国民国家という統治スタイルもいまだに有効です。成長には乏しいのですが、社会の安定という点では優れています。

安定を武器とする日本は制御不可能性に対処できるモデルを世界に提示できるかもしれ

ません。しかし、日本が生き延びるためには原油をはじめとする化石燃料が不可欠です。残念ながら、「日本が中東地域の原油をあてにできる時代は10年以内に終わりを告げるのではないか」と私は考えています。

「いつまでもあると思うな親と金」ではありませんが、**国際社会で学級崩壊が始まった今、日本が中東産原油に頼っていることは極めて危険**です。

危機が起こるとわかっていて何もしないことほど愚かなことはありません。

温暖化防止のために再生可能エネルギーが重要なのは百も承知していますが、**当分の間は原油がなければ豊かで安全な生活が維持できないことも（不都合な）真実**なのです。

日本にとっての「最悪のシナリオ」

私は読者と危機感を共有するため、日本にとって最悪のシナリオをここで提示したいと思います。

202X年1月、中東地域で未曾有の危機が勃発します。

2023年10月以降、中東地域では緊張状態が続いていたのですが、サウジアラビアとUAEでついに政権が転覆する事態が生じます（第2のアラブの春）。

両国は長年にわたって原油収入から得られるマネーをばらまくことで強権的な政治体制を維持してきたのですが、国民がついに「ノー」を突きつけたのです。

「イスラエル寄りの外交姿勢」や「格差の拡大」への不満を高まっているのにもかかわらず、政府が無策だったことが災いしました。

学級崩壊が進む状況下で、両国政府に救いの手を差し伸べる国も現れません。

内戦状態に陥った両国の原油生産（合計で日量約1200万バレル）はゼロになってしまいます。

原油価格は1バレル＝150ドル超えとなり、世界経済は大混乱する中、最も深刻な打撃を被るのは日本です。

輸入の約8割を両国に頼っていたため、史上初の「油断（原油の供給途絶）」が発生してしまうからです。

日本では過去の石油危機時と同様、他国からの原油調達に走りますが、50年前と比べて国力が低下した日本は思うように代替輸入元を見つけることができません。

過去の石油危機を教訓に整備してきた国家石油備蓄も危機の際の放出方法が具体的に定められていなかったことから、関係省庁は「小田原評定」を繰り返すばかり、「宝の持ち腐れ」の状態が続いたままです。

このため、危機発生から2週間が過ぎると、日本各地で「買い占め」の動きが猖獗を極め、ガソリンスタンドやスーパーなどからガソリンや灯油があっと言う間になくなってしまいます。

折悪しく、北海道や東北、北陸地方では厳しい寒波が襲来しており、暖を取る手段を確保できなくなった人々は困り果てます。1か月を過ぎると、灯油などの在庫がなくなる家庭が急増し、「寒さに耐えかねた高齢者などが凍死する」という悲しい事態が相次ぎます。

高齢化率が3割近い日本の現状にかんがみれば、万単位の犠牲者が出てしまうのではないでしょうか。

以上が史上最悪のシナリオですが、「油断」の備えをおろそかにしている現状を見るに付け、「ありえないことだ」だと一笑に付すことはできないと思います。

油断回避のための原油安定供給プラン

「たかが原油、されど原油」

令和の石油危機を回避するため、私は最後に「原油安定供給プラン」を提案したいと思います。

①短期的な手当て（1年以内）

原油の突然の供給途絶に備えて、国家が備蓄している原油が迅速に放出できる態勢を整備します。

具体的には、放出は一般競争入札で行い、価格は時価とすることにします。

さらに、備蓄基地の貯蔵原油を元売り企業の製油所に確実に運搬できるよう、緊急時の商船の確保も万全にします。

②中期的な手当て（3年以内）

原油輸入の中東依存度を7割未満に引き下げます。そのために必要な原油（日量75万バレル超）を米国から調達できる体制を整備します。
政府は元売り企業の油種転換に必要な支援を行うとともに、太平洋のシーレーン防衛を米国政府とともに確保します。

③長期的な手当て（5年以内）

原油輸入の中東依存度を3割未満に引き下げます。そのために必要な原油（日量175万バレル超）は米国に加えて他の地域からも調達できる体制を整備します。現在の状況ではロシアからの原油調達は困難かもしれませんが、長期的な視点から見てロシアは有力な選択肢だと私は考えています。

かつて日本が米国との全面戦争に突入したのは原油が枯渇することへの恐怖心からでした。逆に言えば、エネルギー供給に支障さえなければ、日本は破局に陥ることはないと思います。

現在と同様、社会が分断していた1930年代の米国の原油輸出は好調でした。ソ連崩壊時も欧州への天然ガス供給に支障が生じませんでした。
国内が混乱すればするほど資源輸出から得られるマネーが大事だったからでしょう。

米国は世界の警察官ではなくなるでしょうが、原油輸出国としての役割を果たし続けると思います。同盟関係にある米国からの原油の安定供給を確保できれば、日本は激動の時代を乗り切っていけると確信しています。

おわりに

私は2003年から7年半にわたって内閣官房内閣情報調査室で勤務し、初代のグローバルシステム担当の内閣情報分析官を務めました。

その後も経済面からインテリジェンス情報の収集・分析にあたってきましたが、本書で述べてきたことは、私がこれまで続けてきた営みの現時点での到達点です。

「下手の横好き」と言われるかもしれませんが、最後までお付き合いいただいた読者に方々に感謝の意を表したいと思います。

本書の出版にあたっては、株式会社方丈社社長の宮下研一氏、編集担当の山田雅庸氏にご尽力いただきました。

この場を借りて心よりお礼申し上げます。

2024年1月

藤 和彦

〈著者紹介〉

藤 和彦（ふじ かずひこ）

元内閣官房内閣情報分析官。

1960年、愛知県名古屋市生まれ。早稲田大学法学部卒業後、通商産業省（現・経済産業省）入省。エネルギー政策などの分野に携わる。1998年、石油公団へ出向（備蓄計画課長、総務課長）。2003年、内閣官房出向、内閣情報調査室内閣参事官及び内閣情報分析官（グローバルシステム担当）。2011年、公益財団法人世界平和研究所（中曽根研究所）出向、主任研究員。2016年から独立行政法人経済産業研究所上席研究員。2021年から同コンサルティングフェロー。

主な著書に『日露エネルギー同盟』（エネルギーフォーラム）、『原油暴落で変わる世界』（日本経済新聞出版）、『石油を読む 第3版』（日本経済新聞出版）、『日本発　母性資本主義のすすめ』（ミネルヴァ書房）、『国益から見たロシア入門』（PHP新書）、『ウクライナ危機後の地政学』（集英社）、『人は生まれ変わる』（ベストブック）などがある。

大油断《だいゆだん》
日本《にほん》が陥《おち》る史上最悪《しじょうさいあく》のエネルギー危機《きき》

2024年3月28日　第1版第1刷発行

著者　藤　和彦
発行人　宮下研一
発売所　株式会社方丈社
〒101-0051　東京都千代田区神田神保町1-32
星野ビル2F
Tel.03-3518-2272　Fax.03-3518-2273
https://www.hojosha.co.jp/

印刷所　中央精版印刷株式会社

ISBN978-4-910818-15-3